SYPHON

虹吸咖啡研究室

林子芃 著

- ☐ 認識器材
- ☐ 安全操作
- ☐ 調整風味
- ☐ 剖析變因

最淺顯易學的
虹吸咖啡
沖煮指南

（謹依到稿順序刊出）

第一次見到子芃，他安靜又專注看著我手中不同的攪拌棒。那不是單純的好奇，而是一種想知道的理解。「為什麼有這麼棒的棒子」，是真正願意、傾聽咖啡語言的人才有的凝視。

學咖啡的人很多，學得像的人也不少，能學到精神的卻不多，子芃絕對是其中之一。在我這裡學技法、學風味，他從不害怕重覆，能夠理解咖啡中的節奏、虹吸咖啡的厚重歷史感。

這本書是他一路走來的紀錄，更是一份誠意。我看到的不只是文字圖像，還有一位傳豆者對於咖啡的虔誠、對於文化的守護。這個時代，這樣的日子裡，我們需要這樣的聲音。子芃用雙手，不忘初心，走出了他自己的精品咖啡之道。

子芃的字裡行間把咖啡當成修行的人，寫出了溫度，我為此而驕傲，也願意把這本書推薦給學習咖啡的朋友。在此，我朱明德誠摯推薦林子芃的手作與心意，盼與所有熱愛咖啡的朋友分享這份淬煉與感動。

——朱明德（CSCA中華精品咖啡交流協會創會會長）

初識林子芃已有許多個年頭，這些年來，因共同熱愛咖啡而結緣的友誼始終令人珍惜。

林子芃不僅是一位出色的咖啡愛好者，更是一位在虹吸咖啡領域充滿熱情且專注研究的專家。他的每一次提問、探討，甚至分享心得，都讓我感受到他對咖啡的執著與熱愛。

在這本書中，林子芃將他多年來對虹吸咖啡的學習與研究成果系統地呈現出來，以清晰易懂的方式整理出虹吸咖啡的沖煮過程，這不僅讓新手能夠快速上手，也將讓更多人對這種沖煮方式充滿信心。科學原理的部分則結合了多方面的探討，提供了更全面的視野，令人印象深刻。

這是一本既適合初學者按部就班理解虹吸咖啡沖煮與原理，也能讓老手深入探索的著作。書中內容不僅涵蓋了基礎操作步驟，還深入剖析了虹吸咖啡背後的科學原理，幫助讀者實踐與理解，最後也整理了許多虹吸咖啡常見問題，讓讀者能夠快速找到答案。

我相信，這本書將成為每一位熱愛咖啡的朋友的重要指南。對於新手，它是一盞明燈，指引著通往專業之路；對於老手，它是一個嶄新的視角，啟發著更深刻的理解。

我衷心推薦這本書，希望它能為更多人帶來虹吸咖啡的知識與享受。

期待這本書能在咖啡愛好者的社群中帶來更多啟發與交流。

——鍾孝彥（國內外各大咖啡賽事評審、SCA授權訓練師考官）

子芃的《虹吸咖啡研究室》不只是一本技術手冊，也是一段關於熱情與堅持的旅程。

我認識子芃多年，看著他如何在咖啡的世界裡，一步一腳印，從熱愛者蛻變為專家。他對虹吸咖啡的鑽研，不僅止於技法的掌握，更深入到對咖啡文化的理解與詮釋。

這本書就像一杯精心沖煮的虹吸咖啡，層次豐富，香氣馥郁。子芃用他獨到的視角，將虹吸咖啡的奧祕轉化為淺顯易懂的文字，讓讀者彷彿置身於他的咖啡實驗室，一同探索這門精緻的藝術。

我特別欣賞子芃對細節的執著。他不僅分享了虹吸咖啡的沖煮技巧，更深入探討了影響咖啡風味的各種因素。從水溫控制、研磨粗細到攪拌手法，他都毫不保留地分享了自己的心得與經驗。

這本書不僅適合咖啡愛好者，也適合所有對生活充滿熱情的人。子芃用他的咖啡故事告訴我們，只要堅持自己的夢想，就能在平凡中創造不凡。

我誠摯地推薦《虹吸咖啡研究室》給每一位熱愛咖啡、熱愛生活的朋友，深信這本書能為諸君帶來一段美好的咖啡之旅。

——周正中（CSCA中華精品咖啡交流協會會長）

閱讀這本書的過程，就像直接和芃哥聊虹吸，用著淺顯易懂的文字語言。

其實我一直偷偷關注著芃哥的臉書或影片，他的談吐讓我感覺像是沉浸在咖啡遊戲的大男孩，暢所欲言、熱心交流。

討論虹吸心得時，芃哥眼裡閃著光芒，令我印象深刻。

期待他透過這本好書和更多人分享自身經驗與才華，這絕對是想學虹吸咖啡的人必須拜讀的一本書。

——朱紹齊（2024 TSC世界盃虹吸大賽台灣代表選拔賽冠軍）

認識芃哥已有幾年的時間。

當初相遇的場合是手沖比賽，我們都是已達不惑之年的老選手，能夠結識格外相知相惜。

芃哥無論在手沖咖啡的技巧上與賽風咖啡的技術上已有很深的著墨，對於他出版有關賽風咖啡沖煮的書籍，我特別興奮，也很期待。

現今市面上已有不少手沖書，鮮少有賽風沖煮技巧的書籍，芃哥願意分享他從懵懂到成熟、運用感官技巧來沖煮的技巧，以呈現一杯有溫度的賽風咖啡，我相信對於許多想深入一探究竟的朋友是一大福音。

如果有一天大家能夠現場喝一杯芃哥沖煮的賽風，肯定也會被他急智的反應與幽默感深深吸引，因而愛上賽風咖啡。

——蕭鎮輝（「民享咖啡商號」老蕭）

前言

為了讓更多人喜歡虹吸咖啡

一九九八年七月退伍後，我在一家連鎖家電賣場上班。

那時的工時長達十二個小時，中間有兩小時休息，我就跑到附近的咖啡店打發時間，日子一久，店裡的咖啡師很大方地教我煮虹吸咖啡。

當時我不太明白，為什麼那麼多人喜歡喝這麼苦的東西？

直到有一天，一位久久才來的老師傅煮了一杯曼特寧咖啡給我喝。

他不慍不火地這邊晃一下，那邊拌一下，眼睛瞧一下，鼻子聞一下，連時間都沒有看就關火。記憶中，那杯咖啡的風味直接在口腔散開，很甜、很香，不會苦。

我追問老師傅該怎麼煮，他只笑笑地看著我說「煮咖啡不難，煮久就會了」。

後來我試了上百壺，只成功過一壺。最氣人的是，相同的咖啡味道我無法再煮出第二壺！

我很灰心，每次見到老師傅都向他請教，他總是回答我一樣的話。

二〇一五年，摯友問我：「你咖啡煮很久了，覺得煮得怎麼樣？」

我因此再次投入研究虹吸咖啡的製作。

當時查到的資訊很少，多是不相關的片段資訊，多為外國人拍攝的影片與少數翻譯文章。內容比較像是標準化作業流程示範，沒有提到「為什麼要這樣做」、「這個步驟會影響什麼味道」，讓我愈學愈迷糊。

我搞不清楚到底哪一種方式才是正確的？為什麼一樣的方法煮不出第二杯相同的咖啡？

為了尋找答案，我開始瘋狂煮咖啡。用自己的方法，再加上到處吸收的知識來自學。

為了確定自己的咖啡技術，我報名參加TISCA全國虹吸賽，獲得佳績。

正得意時，因緣際會認識了我咖啡生命的第一位貴人，中華精品咖啡交流協會創始會長朱明德老師。

第一堂課我就嚇到了！

朱老師使用我完全沒有看過的沖煮方式，只用了三十秒就煮出一壺虹吸咖啡。風味乾淨、層次清楚，還多了一份屬於虹吸咖啡的厚實。

朱老師對於精品咖啡的執著與想法最令我佩服。其中印象特別深刻的兩句話分別是「你們要當咖啡師，不要做咖啡匠」、「咖啡是有靈魂的，有靈魂的咖啡才是一杯好咖啡」。

近半年的課程中，朱老師將他全部的咖啡技術與想法交給我們學生，也讓我開始在咖啡中鑲嵌上自己的靈魂。

直到現在，我不定期會回去和學弟妹一起上課，溫故知新。

另一方面，喝過我煮的虹吸咖啡的朋友，開始向我請教「手沖咖啡的製作」，於是我開始研究手沖咖啡，並透過參加比賽來精進自己的技術。

二〇一八年，我報名參加「世界沖煮大賽——台灣選拔賽」（TBrC），遇到了生命中第二位咖啡貴人鍾孝彥老師，亦即擁有物理學博士（現在又多一個食品加工準博士），擔任過多場國內、外咖啡賽事評審長的小豆老師。

小豆老師從不教我手法，只講理論，並讓我「try error」（嘗試錯誤），指導我靠自己思考，找出錯誤的原因與解決方法，讓我在四年的學習中補齊了缺少的咖啡沖煮基本知識，也讓我的咖啡能以沖煮理論做為基石，發展出屬於我自己的咖啡藝術美學。

由於喜歡虹吸咖啡，我開始在YouTube製作影片分享。

「希望喜歡虹吸咖啡的人能真正了解虹吸咖啡，進一步愛上它、分享它」是我的初衷。

後來有一則留言，「芃哥，我想好好學習煮虹吸咖啡，你有推薦的書嗎？」

「市面上好像真的還沒有值得推薦的，不然我就自己寫一本吧！」我突然有了這樣的想法。

剛開始下筆時卻相當猶豫。以朱老師教導的內容為主？還是目前市場上最常見的「斜插管式」為主？後來考慮到能讓初學者學習時有安全、穩定、好控制、容易上手的優點，確定了以「斜插管式」來寫，希望大家能安全又開心的煮咖啡、玩咖啡、喝咖啡。然後再分享更多關於虹吸咖啡先、後插管，與先、後投粉的知識，讓大家能夠隨心所欲地煮好一杯屬於自己的獨一無二咖啡。

因為希望這本書帶來的不是單純標準化流程（SOP）的虹吸咖啡煮法，而是更有變化、有想法、屬於每個人自己的虹吸式咖啡風味，我增加了很多咖啡的沖煮理論、知識與技巧，想讓大家除了能獨力煮出一壺虹吸咖啡，更可以適當地修改咖啡風味。我覺得「可以加入自己的想法」才是咖啡特別迷人的地方。

這本書在內容與用字有缺失的地方還請多多包容。

希望大家能因為這本書，進一步愛上虹吸咖啡。

目次

1 關於虹吸咖啡

一杯好喝的虹吸咖啡，能夠建立起你對虹吸咖啡的自信心，進一步喜歡虹吸咖啡。

虹吸壺原理

虹吸壺原本的名稱是「真空沖煮壺」（Vacuum Brewer），採用真空方式萃取的特徵，也稱「真空咖啡壺」（Vacuum Coffee Brewer）或「真空壺」（Vacuum Pot）。

也就是說，虹吸壺整個沖煮流程與虹吸作用全無關係。

隨著世界盃虹吸壺大賽（World Siphonist Championship）將其翻譯為虹吸壺，時日一久，大家也習慣了這樣稱呼。本書內容以技術分享為主，因此直接沿用「虹吸壺、虹吸咖啡」一詞，方便大家理解。

實際上，下壺先加水，上、下壺結合後將形成一個封閉的空間。

虹吸（siphon 或 syphon）是一種流體力學現象，可以不藉助泵而抽吸液體。

處於較高位置的液體充滿一根倒U形的管狀結構（稱為虹吸管）之後，開口於更低的位置。虹吸管兩端液體的重量差距造成液體壓力差距，液體壓力差能夠推動液體越過最高點，向低端排放。最常見的應用是「魚缸換水」，用塑膠管一端插入魚缸中，用力吸一口水並將出水口放置低於入水口，接下來魚缸內的水就會源源不絕地流出。

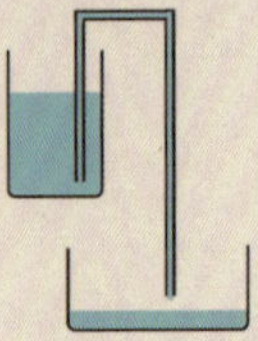

開始加熱下壺，下壺的水因為加熱，液體汽化成氣體，體積將膨脹約一千六百倍，因為壓力而被擠入上壺。

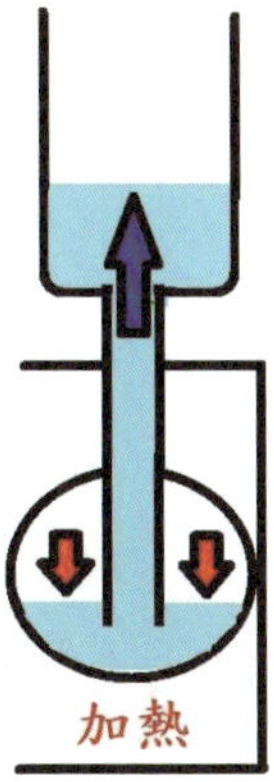

然後，我們就可以根據自己的想法來操作上壺，沖煮咖啡。

上壺操作完畢後，移開下壺的火源，此時下壺會因為失去熱源而溫度下降，空氣也會因此收縮產生極大的真空拉力，將上壺的水拉至下壺。

當上壺的水全部移入下壺，咖啡萃取結束。

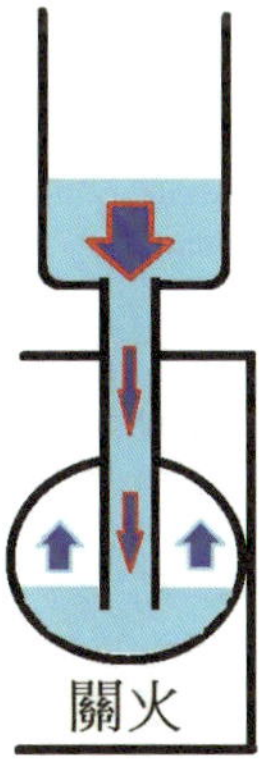

咖啡煮完後，分離上下壺要小心。此時上下壺的溫度都很高，直接摸會燙傷，請用慣用手（如右手）握住下壺手把，另一隻手的拇指、食指和中指固定住上壺最上方，利用前後搖動的方式鬆脱橡膠塞子。只要破壞密封

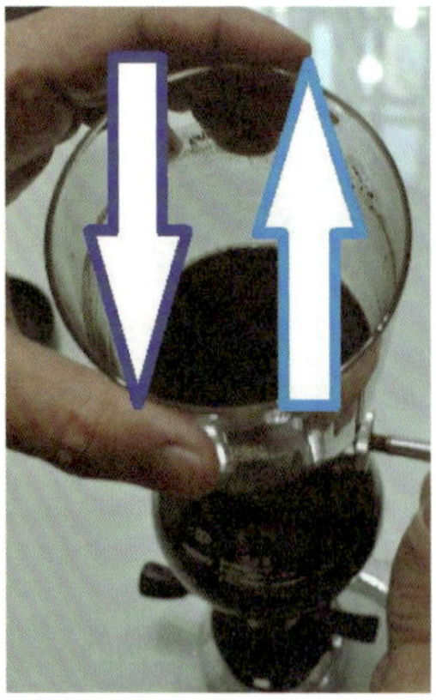

的狀態，再進一步往上提，就可以分離上下壺。

認識虹吸壺與其零件

虹吸壺蓋子

煮咖啡前可拿來放置上壺；煮咖啡時可拿來蓋在上壺保持上壺溫度；上壺需要高溫操作時可蓋上，防止咖啡液飛濺；上壺不用時，蓋住可防灰塵。

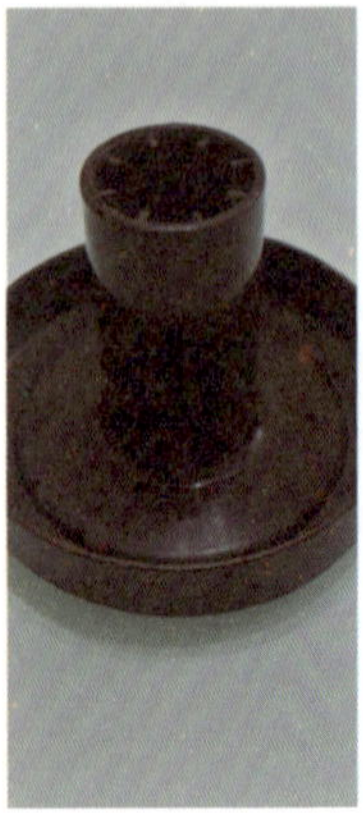

上壺

煮咖啡的地方。

在上壺水穩定的情況下，水溫通常約為八十五到九十五度。

煮咖啡時，上壺外的水珠要擦乾淨，以防止水珠滴落到下壺，造成下壺裂開。

過濾器

阻擋咖啡粉流到下壺的零件，包括濾布、固定盤、固定彈簧、固定鉤、突沸鏈。

過濾器有很多材質與不同的設計，會對上下壺水流動時有不一樣的反應，也賦予咖啡不一樣的風味。（詳見八十三頁）

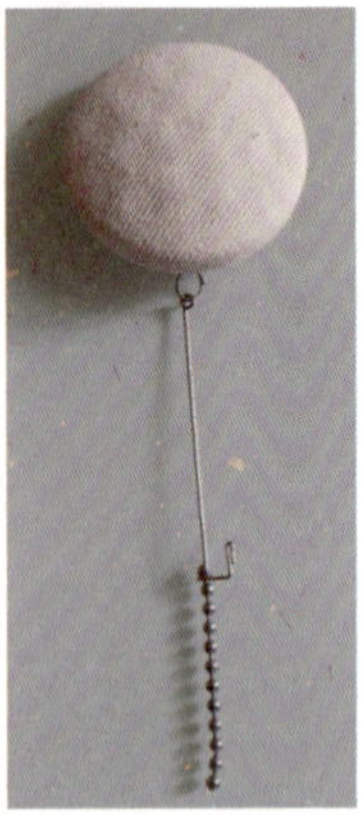

橡膠墊圈

結合上下壺時密封，形成封閉空間。

橡膠墊圈會隨時間變長開始變硬，體積也會變小一點，造成密封不良。有分件可以單獨購買並更換。

下管

引導上、下壺水流動的零件，也是清潔時最容易敲到、毀損的零件。

千萬注意，煮咖啡前手不可以接觸下管，這是衛生問題。

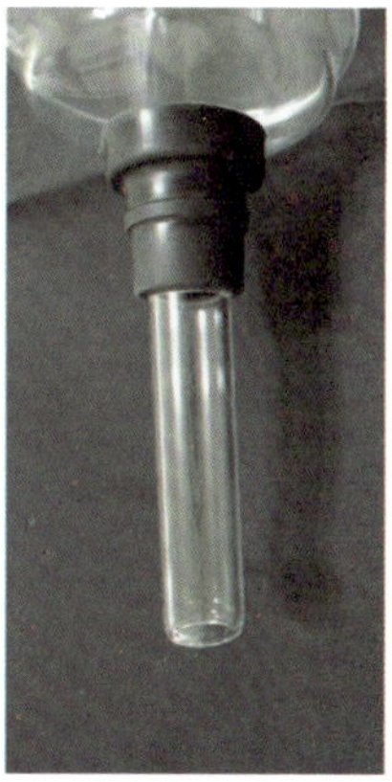

壺口

加水、倒咖啡的地方。

下壺

裝水的地方。

切記，加熱時下壺外層絕對不能有水珠，否則加熱時下壺會因為水珠造成玻璃膨脹係數不同，從有水珠的地方開始破裂。

支架

固定下壺。

不同廠牌、不同型號的支架高度不同，不能混用。混用將造成下壺離地高度偏差，影響加熱設備的使用。

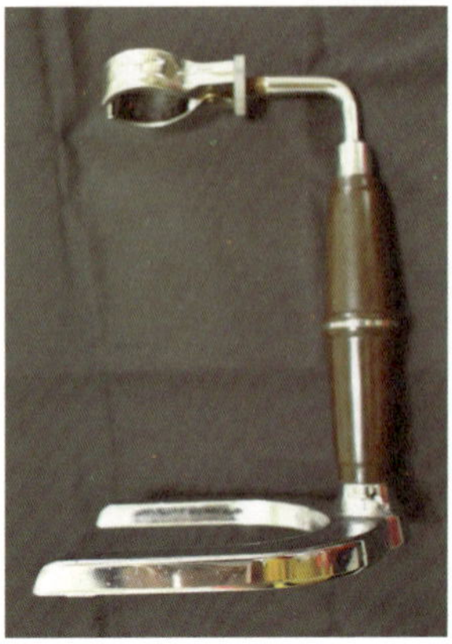

攪拌棒

煮咖啡時攪拌用。

攪拌棒是萃取咖啡時唯一會接觸到水和咖啡粉的器材，不同槳面會形成不同的水流變化，因此對於萃取結果有著最直接的影響。（詳見一〇六頁）

材質除了一般常用的竹子，還有木頭、陶瓷、玻璃等。

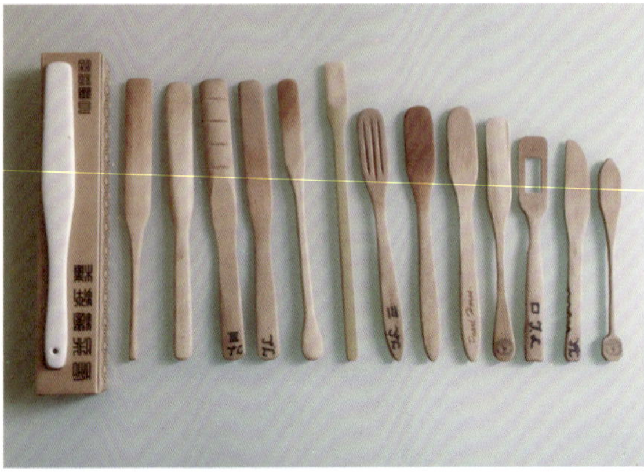

火源

提供虹吸壺加熱時的熱源。

目前主要有瓦斯爐、酒精燈與光爐這三種（圖中從右至左），火源各有特色。

虹吸壺小歷史

虹吸壺最早的文獻記載出現在十九世紀初。

一八二七年，貝多芬去世那一年，普魯士（當時德國還未形成統一的國家）一份出版品中，出現了上下都使用玻璃、形似蒸餾器的虹吸咖啡壺的插畫，很明顯，那就是今日直立型虹吸壺的前身。

第一個為貝多芬寫傳記的人，小提琴家 Anton Felix Schindler 是貝多芬的朋友。他說早在貝多芬去世的十幾年前，貝多芬就已擁有這樣一台玻璃咖啡壺，並常用它來煮咖啡。他說生活規律的貝多芬每天六點起床，一切處理妥當後，會先親自煮一杯咖啡，然後才開始八小時的音樂創作。而貝多芬煮一杯咖啡所使用的咖啡豆，必須不多也不少，恰好是六十顆（重量約十到十二克，視豆子烘焙深、淺程度而定）。

由於耐熱玻璃尚未問世，當年玻璃製品加熱時，容易因熱漲冷縮而破裂，增添麻煩及危險，所以直立型虹吸壺並未在十九世紀造成流行。

另一方面，依照文獻，直立型虹吸壺的第一份專利權，是一八四二年由一位住在法國里昂（Lyons）的女士 Madame Vassieux，nee Massot 所取得，專利號碼 No.13,013。

真正帶動虹吸壺風潮的是平衡型虹吸壺，或者說得更明確，Napier 壺。

一八四二年，James Robert Napier 創設了一間專門生產廚房用品的小公司，Napier 平衡型虹吸咖啡壺就是一八四〇年前後由這間小公司推出的產品，不過並未申請專利。

十九世紀後期，有人在 Napier 的原始設計上做一點小更動，申請了專利。例如一八九〇年申請專利的 Robertson 壺，就是在 Napier 壺上加裝了水龍頭，傾倒咖啡不必再拆下金屬管；又如後來皇家比利時壺利用槓桿原理，能夠自動熄滅酒精燈，少掉手動熄火這項操作。

一八七〇年，James Robert Napier 與英國格拉斯哥一家銀器製造公司 Smith & Son 合作，以銀為主要素材，製造精緻的 Napier 虹吸壺，行銷全歐洲、印度與美國等地。由於操作簡單、器材優美耐用（盛水的球型玻璃圓瓶多半改以銀瓶取代）、兼具表演性等因素，再加上當時英國中產階級日趨富裕，負擔得起小小的奢侈，讓 Napier 壺獲得了極大的成功。

一九一五年，Pyrex 耐熱玻璃開發並普及，直立型虹吸壺原本因加熱易碎的缺點隨之獲得大幅改善，加上價格較低、操作更簡單、表演性依舊十足，終於在虹吸壺的領域取代了平衡型，成為主流。

一九二〇年代初，日本KONO創辦人河野彬規畫了直立式虹吸壺的原型，而後在一九六四年由第二代社長河野敏夫持續改良，第二代虹吸壺誕生。

順帶一提，虹吸壺之所以又稱為「塞風壺」（Syphon / Siphon），正是因為KONO公司開發的虹吸壺產品名稱是「塞風－Siphon」，隨著這項產品大眾化，「Siphon」這個產品名稱就成了虹吸壺的代名詞。

後來，由於日本HARIO公司大量製作與推廣、販售虹吸壺，如今HARIO虹吸壺市占率第一，甚至讓人有「虹吸壺是HARIO發明的」錯覺。

＊ 資料參考：「五四咖啡俱樂部」管建中於 2015/11/13「虹吸壺的歷史片段」。

2

事前練習1：火源控制

良好的控火技巧是煮好一杯虹吸咖啡的關鍵。影響風味的變因愈少，煮出來的咖啡就愈能依照你的沖煮計畫控制風味，而不用將煮咖啡的結果交給上帝。

認識火源

一般常見的火源有三種，分別是光爐、酒精燈、瓦斯爐。三種操作方式雖不一樣，原理大同小異。

光爐

光爐是使用電熱的方式直接加熱下壺。一般以鹵素燈為主，坊間很容易購得。

光爐的原廠設定用電通常是一一〇V、三五〇瓦，比十人份大同電鍋還要省一半（煮飯用電八〇〇瓦），使用安全性高，更是很多無法使用明火的環境首選。

光爐是穩定性最好的火源選擇，沒有之一，不過熱源較溫和，反應較慢，操作時要習慣取前置量。

使用光爐有兩點要特別注意：

❶爐面使用時溫度很高，水不要滴在爐面玻璃，容易造成破裂。

❷爐面使用後溫度仍然很高，不要用溼布或手觸摸，很容易發生危險。

酒精燈

購買虹吸壺時搭配的往往是酒精燈，方便使用、好上手。

使用前一定要注意，酒精燈的瓶口、瓶身是否有缺角、裂縫？若有，千萬不要用，一定要換新的。否則在使用的過程中，缺角、裂縫會一直擴大變成危險因子，不可不慎。

• 關於酒精用量

酒精壺內最少要維持三分之一以上的酒精量，但不可以超過八分滿。

酒精裝太少，棉芯可能會因為吸不到酒精而燒盡。棉芯燒入空瓶中容易引爆瓶內揮發的酒精氣體產生爆炸，一定要小心。

酒精裝太多，移動瓶身時，酒精容易沿瓶口滲漏到瓶身外，在不自覺時點燃燈芯將造成壺身燃燒，進一步引發火事。

• 關於燈芯長度

我的個人經驗是先用一公分左右（約原子筆的寬度），點燃燈芯一分鐘後，再觀察火焰高度是不是你需要的。

如果想調整燈芯高度，務必確實熄火並過五分鐘後再調整綿芯，這樣做還能避免被燈芯的陶瓷部位燙到手。

• 關於火焰高度

校正酒精燈的火焰高度時，先將酒精燈液添加到八分滿，再點火燃燒，約過兩分鐘後觀察火焰的高度。

我建議第一次設定火焰高度不超過下壺的二分之一，以後再根據你的操作手法來調整合適的火焰高度。每個人手法不同，火焰高度必須自行體驗、調整。

我自己的經驗是「火焰高度在下壺的一半位置，如果火焰太高或太低，都可以調整綿芯來修正」，大家可以根據自己的習慣微調。

• 熟練如何熄火

正式開始沖煮咖啡之前，務必熟練如何熄火。

用燈蓋在四十五度角蓋上即可熄滅火源。千萬不可以從正上方或從側邊把燈蓋用丟的，很容易把燈芯敲離酒精瓶，發生危險。

也不要用嘴巴吹。酒精燈並沒有那麼好吹熄，火焰有可能回彈燒到臉或頭髮，一定要特別注意。

此外，燈蓋以斜放的方式蓋好熄火後，一定要等超過五秒鐘後再打開蓋子，確保安全。剛用過的酒精燈，白色陶瓷部位溫度非常高，絕對不可以用手觸摸。

請先等待約十分鐘後再操作，或是戴妥棉質手套再拿取，避免手指燙傷。

還有，要點火前發現燈蓋沒蓋時，先蓋上燈蓋再重新操作。

因為有時候明明已經點燃火源了，卻因為環境太亮，或是剛剛先忙其他事情忘記，以至於看不到火已經點燃。這時手靠近燈芯容易被火灼傷，非常危險。

• 關於補充酒精

使用完畢後，如果有段時間不使用酒精燈，可以將酒精回收。否則約莫一星期後，壺內的酒精就會蒸發不見。

若需要補充酒精，請購買工業酒精（在台灣是粉紅色的），工業酒精可以完全燃燒，不會燻黑下壺。順道一提，酒精濃度高的醫藥用酒精容易因為燃燒不完全燻黑下壺，造成清潔上的困擾。

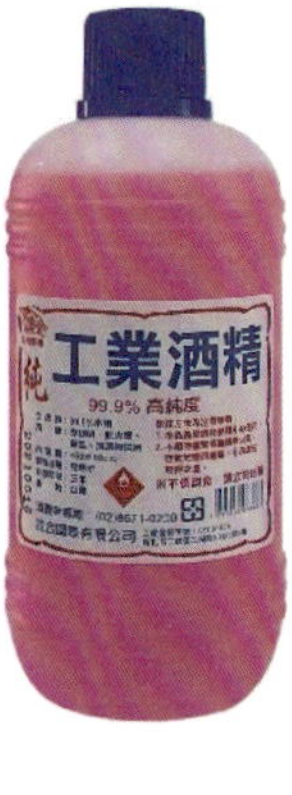

• 安全注意

使用前，請務必準備乾粉類滅火器或大毛巾，以備不時之需。

萬一真的不小心打翻酒精，請用滅火器直接噴灑滅火，或用大毛巾由側面或站立處往外蓋住酒精擴散的區域。絕對不要從上往下蓋，很容易讓酒精擴散，傷到自己。也不要用水滅火，會造成火源四處擴散。

使用酒精燈的注意事項很多，但全都和安全有關，請各位絕對不要妥協，一定要練熟後再操作。

瓦斯爐

瓦斯爐（快速爐、登山爐）的火力集中好控制，反應快速，使用簡單、方便、直接、安全性高，是目前業界最多人使用的火源。

使用時需要注意兩件事：

❶熟知所使用的瓦斯爐大火、小火旋鈕位置。判斷方法是看瓦斯爐的大火、小火都是穩定、不跳躍的連續火焰。

一定要明瞭大火和小火的位置在哪裡。大火是瓦斯調節器轉大且火焰不會跳動；小火是瓦斯調節器轉小火焰同時火焰穩定，不會斷斷續續。

確定大火和小火的位置後，可以在瓦斯調節器上做記號，方便調整火力大小。我是用修正液，也可以用指甲油，只要能夠明確標識大小火的位置即可。

請練習調整大火、小火到熟練。

大火

小火

❷補充用的瓦斯罐要用打火機專用瓦斯，純度高、無雜質。

填充時與底座成九十度垂直確實填充，可延長氣嘴使用壽命，確保瓦斯爐使用時的安全。

填充時不要充到滿，有瓦斯從氣嘴噴出後停止，留一點空間讓裡面的瓦斯液體能夠順利汽化成瓦斯氣體。將瓦斯灌到滿的話，瓦斯反而無法順利氣化，造成打不著火。

控火操作與煮沸練習

了解不同的熱源是為了控火。什麼樣的控火叫做「好」的控火呢？

答案是：上壺水完全上升後，利用熱源調整讓上壺水僅有微小氣泡（鹽巴大小，不超過二砂糖大小）或靜止。

因為氣泡上升代表了水流擾動的攪拌行為，而我們希望將變因降到最低。

啟動火源之前，請養成習慣，先拿乾布將下壺與上壺外側

全部擦拭過一遍，避免上壺水珠在操作時滴到下壺，發生危險（下壺外側水珠因為加熱，造成膨脹係數不同導致下壺玻璃破裂）。你將發現，這個動作不但會讓煮咖啡更安全，而且男的更帥，女的更美！

還有，練習時請務必留心下壺的水是否燒乾。若底水燒乾，只要熄滅熱源，等待上壺的水自然下降即可。千萬不要拿溼布擦拭。

最後也要特別說明，由於每個人的練習環境（溫度、大氣壓力），使用的加熱器材都有些許的不同（酒精燈、瓦斯爐、光爐），每個人的沖煮習慣各有差

異，這裡實在沒有辦法給予「標準流程參數」，唯有發展出屬於自己的一套方法，才能順心如意地煮出屬於自己的咖啡。

為了節省時間，我建議做煮沸練習時下壺直接使用熱水。

以下針對三種不同的火源來說明。

光爐

光爐屬於陰火，是所有火源裡最溫柔的。

雖然控制上相對簡單，但光爐一旦失溫，救起來要花很長時間，早就錯過了發展咖啡風味的黃金時間，因此「如何讓虹吸壺不失溫」成了練習重點。

光爐操作練習如下：

❶下壺加入適量的水。

建議水量：依照你平時習慣煮咖啡的水量為主。

如果是第一次學習，加到高水位（以三人壺為例，水加到三人份位置）。

❷上、下壺外側都擦乾。

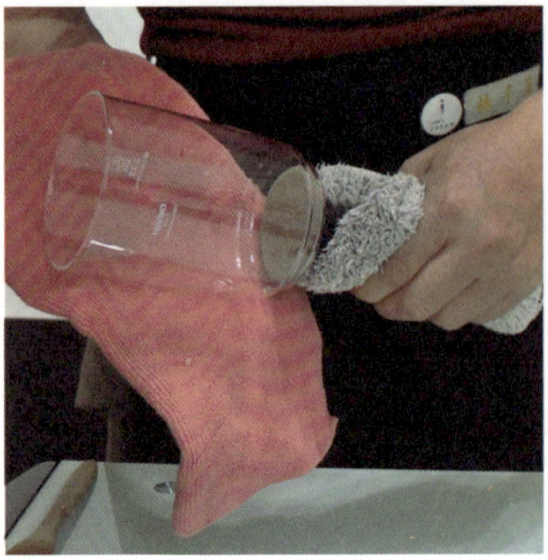

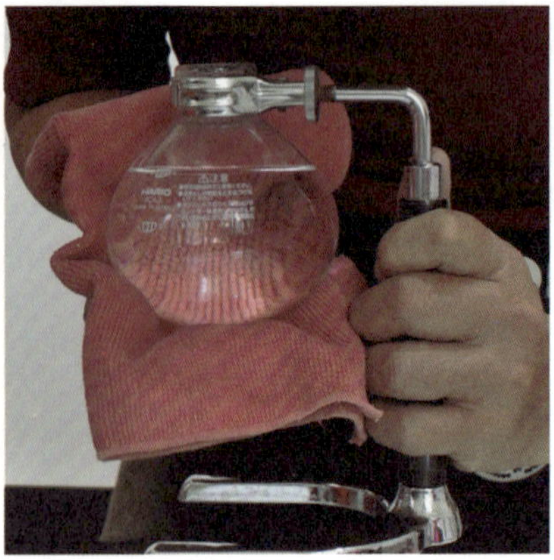

❸結合濾器，用斜插管方式放好，開大火將下壺的水加熱。

❹下壺開始產生綠豆大小的泡泡後，結合上下壺。

❺水會開始往上壺移動，光爐先調小火力四分之一。

❻等水往上升到一半時，光爐再調小火力四分之一。

❼等水完全上升時，光爐再調小火力四分之一。

❽拿出攪拌棒，在上壺攪拌均質溫度。

觀察十秒鐘，上壺水面是否平靜，有沒有劇烈的泡泡？

如果仍有超過綠豆大小的泡泡，請微減下壺光爐的火力。

如果上壺的水開始往下移動，關火，讓水全部流入下壺，重新練習一次。

更多練習……

水已完全到上壺時的火力調整能否少一點？或是不調整火力，改用移動下壺的方式做調整？

多練習幾次，就可以得到很穩定的上壺水。

酒精燈

酒精燈屬於軟火，容易受周圍空氣流動影響熱源輸出，保持無風的環境是使用酒精燈的關鍵。建議善用檔板來穩定酒精燈周圍的空氣，不讓風影響酒精燈的使用。

相較於光爐的陰火與瓦斯爐的硬火，「酒精火」剛好介於兩者中間，是最中庸、圓潤的火源。善用酒精火煮咖啡，更容易獲得圓潤、飽滿的咖啡風味。

酒精燈操作練習如下：

❶下壺加入適量的水。

建議水量：依照你平時習慣煮咖啡的水量為主。

如果是第一次學習，加到高水位（以三人壺為例，水加到三人份位置）。

❷上、下壺外側都擦乾。

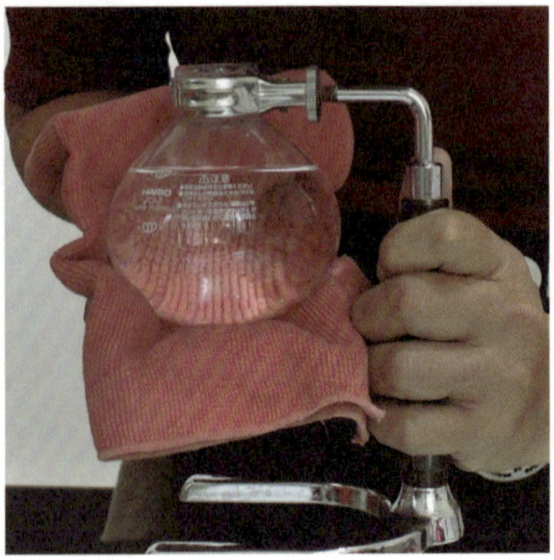

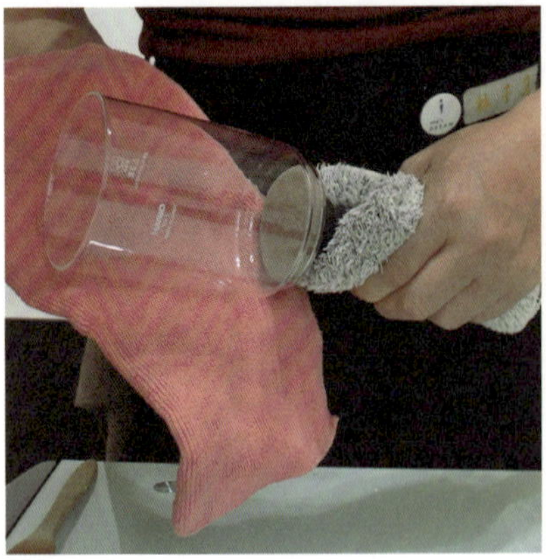

❸結合濾器，用斜插管方式放好，點燃酒精燈置於下壺正中央，開始加熱。

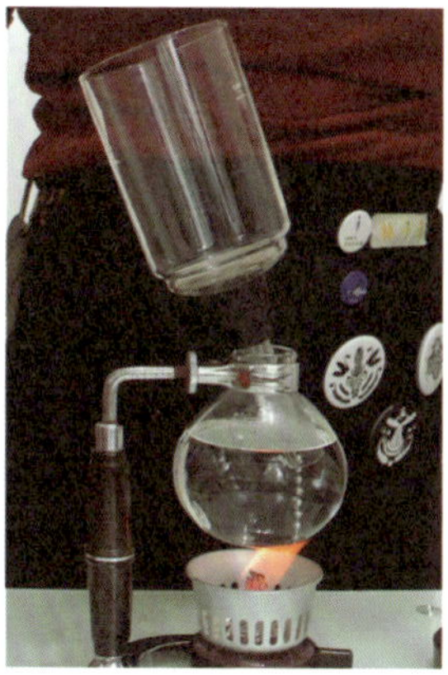

❹當下壺開始產生綠豆大小的泡泡後，結合上下壺。

❺與此同時，水會開始往上壺移動。

❻等下壺水上升至一半時，移動酒精燈，讓燈芯正中央對準底水邊緣（邊緣火）。

❼等下壺水全數上升至上壺時，拿起攪拌棒攪拌，均值溫度後等待十秒鐘，移動下壺微調到合適的加熱位置，觀察氣泡不超過二砂糖大小最為合適。

如果酒精燈往旁邊移動，燈芯中央正對底水邊緣（邊緣火），上壺的氣泡依然非常劇烈（氣泡超過綠豆以上大小）的話，表示燈芯太長、火力太大了。請調整燈芯到合適的位置，進一步控制火力輸出。

多練習幾次，找出最適合自己的操作方法。

瓦斯爐

瓦斯火在三種加熱源裡屬於硬火，火力最集中，效率也最高。

市面上的瓦斯爐款式很多，單孔、多孔、遠紅外線、陶瓷頭防風型，不論哪一種，加熱原理都一樣。

在調節器的幫助之下，瓦斯爐的火力大小會立刻回饋在下壺溫度，是非常好用的加熱器材，也是目前最多人使用的虹吸壺加熱器具。

然而，瓦斯爐的優點同時也是缺點，瓦斯爐火控制不佳的話，經常會讓咖啡溫度太高煮過頭。如何駕馭加熱器材中的「跑車」，就靠平常練習的熟練度。

練習之前，請先熟悉自己使用的瓦斯爐大火和小火的位置，才能開心練習、安心使用。此外，雖然瓦斯爐的安全性很高，但使用前請記得檢查是否有漏氣。安全第一！

瓦斯爐操作練習如下：

❶下壺加入適量的水。

建議水量：依照你平時習慣煮咖啡的水量為主。

如果是第一次學習，加到高水位（以三人壺為例，水加到三人份位置）。

❷上、下壺外側都擦乾。

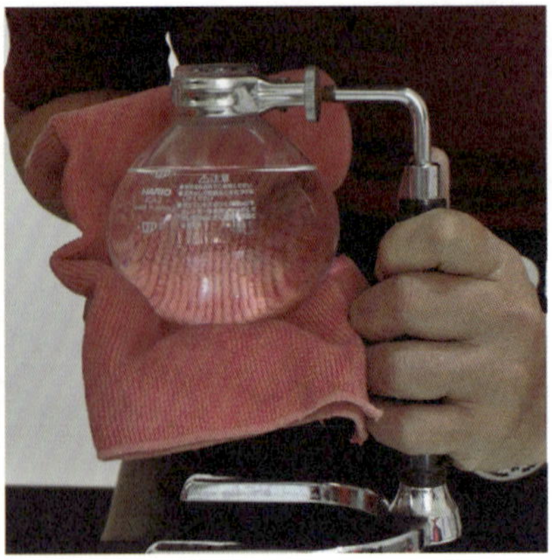

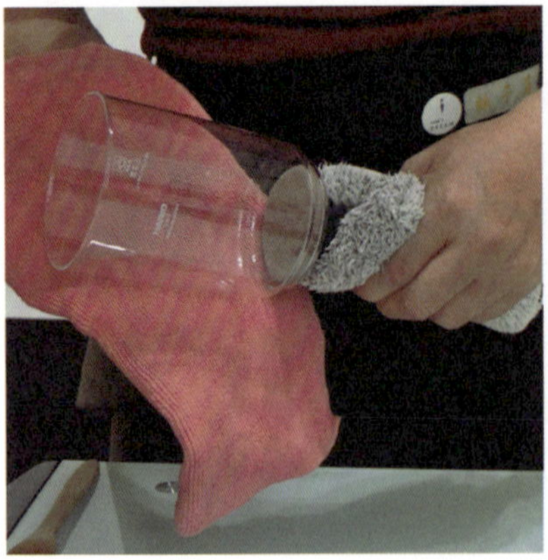

❸結合濾器，用斜插管方式放好，點燃瓦斯爐調到大火，置於下壺正中央開始加熱。

❹當下壺開始產生綠豆大小的泡泡後，結合上下壺。

❺與此同時，水會開始往上壺移動。

❻當下壺的水因為加熱產生的壓力開始往上升時，將火力調到小火。

❼當水上升到一半時，移動瓦斯爐，將火焰正中央對準底水邊緣（邊緣火）。

❽等水完全上升後，用攪拌棒均質溫度後等待十秒，並觀察氣泡變化。氣泡不超過二砂糖大小最為合適，再利用移動瓦斯爐的方式調整火力。

多練習幾次，找到最適合自己的操作方式。

利用彈珠來練習穩定度

這是我用過的一個小技巧。

在下壺加入適當熱水（通常我都加三百毫升以上），直接結合上壺、加熱並放入彈珠（玻璃珠），當下壺的水受熱往上衝時，水的推力會讓彈珠產生撞擊聲。你將發現，聲音的快慢、大小與水上升的速度成正比。

這時，你可以先練習如何讓水緩慢且穩定地往上壺移動，這個手法能夠延長水和咖啡粉的預浸時間，對於需要緩和咖啡前段風味很有幫助。

等下壺的水都移動到上壺後，就開始做「移火練習」，也就是移動火源，但是彈珠不發出任何聲音。這是一個很簡單的練習，多做幾次就會。

注意！練習時間不要太久（我的經驗是十分鐘以內），隨時查看下壺的底水是否燒乾。

3

事前練習2：攪拌練習

不同的攪拌手法對於水流的擾動程度不同，將直接影響萃取風味的結果，沒有好壞或對錯。熟知每種技巧帶來的影響，融會貫通，萃取時就能更加得心應手。

十字、8字與繞圈攪拌法

沖煮咖啡前，建議先熟悉最常使用的三種攪拌方式，分別是十字攪拌法、8字攪拌法與繞圈攪拌法。

這三種手法水流不一樣，力道不同，產生的萃取結果也不一樣。三種攪拌法好好搭配，就能變化出不一樣的結果。

練習時，請拿出攪拌棒並將虹吸壺結合好，裝上過濾器，同時在上壺內倒入些許咖啡粉或咖啡渣（約五到十克），以觀察攪拌時水流的變化。

十字攪拌法

攪拌棒由左至右，由上至下，像畫十字似地攪拌。

當攪拌棒離開後，水很快就會停住，是一種很好用、很好控制的攪拌手法。

請觀察水流的樣子，多試幾次！

8字攪拌法

攪拌棒由左至右，像畫8字似地攪拌。

當攪拌棒離開後，水很快就會停住，而且比十字攪拌法更能有效地讓咖啡粉適度的萃取溶解，是我剛開始學習虹吸咖啡時最喜歡用的攪拌法。

請觀察水流的樣子，多試幾次！

繞圈攪拌法

用攪拌棒直接繞圈，通常會繞三到五圈，繞圈速度就是你平常習慣的方式。

當攪拌棒離開後，水會持續轉動，要過一下子才會漸漸慢下來。

請觀察水流的樣子，多試幾次。

繞圈攪拌法是我最不喜歡用的攪拌法，因為攪拌棒離開後，水不會立刻停止，經常需要搭配「剎車」（攪拌棒直立下垂緊靠在上壺玻璃並形成九十度角，以停止水流繼續轉動）來控制水流。

雖然繞圈攪拌法會讓煮咖啡的變因過多，無法控制最後的咖啡成品品質，卻是世界賽中最常見的手法，選手們經常一邊使用繞圈攪拌法，一邊聞取咖啡風味，調整手勁。

換言之，繞圈攪拌法是效率最高的攪拌法，但使用時一定要小心，否則很容易萃取出過多的風味。請有計畫地小心使用這把雙面刃。

什麼時候該用哪一種攪拌法？

首先，請確實了解這三種攪拌法的差異。

建議先結合虹吸壺，然後在上壺加一半以上的水，也加一點點咖啡粉，試著用這三種攪拌方式看看「你」的水流變化。

因為每個人的攪拌習慣不同，產生的水流力度自然也不相同。

觀察這三種攪拌法所造成的水流影響、大小，然後再搭配你需要每一段風味萃取量的多寡，就會知道什麼時候該用哪一種了。

這樣的操作選擇需要長時間的經驗累積，但這也是咖啡最迷人的地方——相同的攪拌手法，你和我煮出來的虹吸咖啡風味就是不一樣！

我自己的話，需要最大萃取率來獲取的風味時，我會用繞圈；需要少量的咖啡萃取時，我會用十字攪拌。至於8字攪拌，我它的萃取率比十字攪拌再多一點，介於中間，也是我常用的手法。

三種攪拌手法，搭配不同的次數與力量，將創造出無限的可能！

4

虹吸咖啡煮法與清潔

從虹吸咖啡的煮法，煮完後的清潔，以及品嘗咖啡與辨識風味，這個篇章是本書核心。

不過，「千萬不要死背書中的參數」，書中提到的參數，是為了讓大家學習合理地煮出一壺有水準的虹吸咖啡所需要的數值，而不是唯一準則，若將其視為準則，將限制你創造出咖啡風味的多元性。

虹吸咖啡煮法

以下介紹的虹吸咖啡煮法集合了我多年的虹吸咖啡研究，是一種安全、穩定性高、好操作、可以調整風味、符合沖煮原理、能夠複製的虹吸咖啡煮法。這一套操作方式，不管是哪支咖啡豆，都可以順著煮咖啡者的想法帶出它的風味，讓每一次煮出來的咖啡都能確實反應煮咖啡者的想法。

也要特別說明，這裡分享的所有參數，只是讓大家在初步學習時「暫時」使用。

我曾經對於食譜中的少許、適量、酌量不知如何是好，所以決定提供具體的參考數值。然而，這些數值並非準則、定律、公式，請不要死守參數不放。日後一旦熟悉了程序，請轉化、調整成屬於你自己的方法。讓咖啡有更多的風味可能，才是我分享這套煮法的目的。

正式煮咖啡前，請先練熟二十三頁的控火方式與三十七頁的攪拌練習。煮虹吸咖啡的步驟很多，時間也很緊湊，而且每個步驟都需要按部就班進行，先練熟才不會手忙腳亂。

那就開始吧！

❶上壺的濾布放置正中心，固定勾確實勾好。

❷拿乾布擦拭上壺外側，確定沒有水珠後，把上壺置於上蓋中，放一旁備用。手不要碰到下管。

❸若用三人壺，取三平匙咖啡豆，磨到約二砂糖大小。磨好的咖啡粉先放一旁備用。

❹下壺倒入熱水至高水位。以三人份虹吸壺來說，熱水加到3的位置，約三百六十毫升。

❺拿乾布擦拭下壺外側，務必確定沒有水珠。絕對不能有水珠，否則加熱時下壺會破。

❻打開熱源，加熱效能開到最大，移動到下壺正中心，加熱下壺水。（這裡用瓦斯爐示範）

❼上壺下管斜插入下壺口中，不要結合，斜斜放置就好。

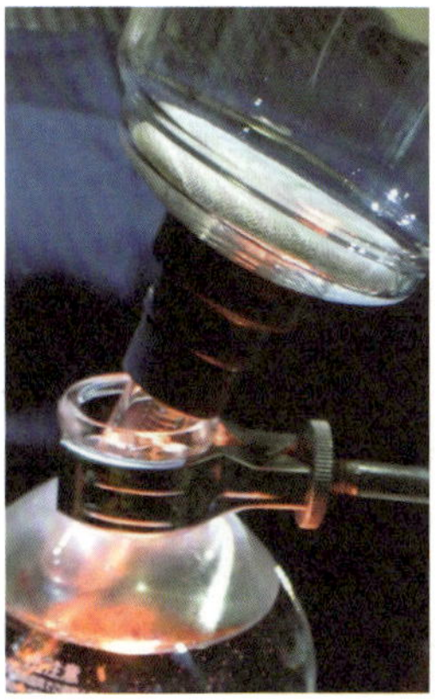

注意！若下壺加熱超過十秒以上還沒斜插放入上壺，請先關閉熱源並等六十秒，待下壺水溫降低後，再重新開啟熱源加熱，繼續斜插管的步驟。這樣可以避免因為忘記下壺持續加熱溫度太高，結合上壺時造成下壺水突沸噴出，導致燙傷。

❽注意觀察突沸鏈接觸下壺位置氣泡產生的樣子。氣泡有綠豆大小時，開始結合上下壺。

如果氣泡已經超過黃豆大，請關閉熱源，等十秒後，等水上升速度緩和下來，再開小火繼續加熱，進行後續操作。

下壺突沸鏈上的大氣泡

在沒有突沸鏈的接觸時，由於沒有明顯的泡泡能夠判斷壺內水溫，此時若貿然結合上壺，高溫水將非常地快速從下壺口噴出，非常危險！

❾上下壺結合後，下壺水會開始往上壺移動，這時先將火力調小。

當下壺水往上移動到一半，移動火源到邊緣火的位置。

❿水完全上升到上壺時，用攪拌棒攪拌三到五圈，觀察上壺水的泡泡調整熱源位置。大約十秒左右，當泡泡調整到二砂糖大小，就可以開始準備煮咖啡了。

⓫把咖啡粉倒入上壺的同時開始計時。

⓬用刺壓的方式讓咖啡粉都浸泡在水中。

⓭十五秒時，做兩次十字或8字攪拌。十五秒的攪拌對於咖啡前段酸質、香氣影響比較明顯。

⓮三十秒時，做兩次十字或8字攪拌。三十秒的攪拌對於咖啡中段堅果風味、甜感影響比較明顯。

⓯四十五秒時，做兩次十字或8字攪拌。四十五秒的攪拌對於咖啡後段可可韻、巧克力等尾韻影響比較明顯。

⓰一到六十秒，移火，關閉熱源，等咖啡自然落下。

⓱等咖啡全部落下後，分開上下壺。

分離上下壺時務必小心，此時上下壺的溫度都很高，直接摸會燙傷。一隻手握住下壺手把，另一隻手的拇指、食指和中指固定在上壺最上方後，前後搖動上壺以鬆脫橡膠塞，破壞密封狀態，然後進一步往上提，就可以分離上下壺。

⓲握著下壺把手做順時鐘搖晃（逆時鐘也可以），將下壺咖啡均質後，即可飲用。

⓳剛煮好的咖啡溫度很高，小心燙！

清潔、保存、更換

虹吸壺的清潔分成三個部分，分別是上壺、下壺與濾布。

上壺

清潔上壺通常不用清潔劑，而是用大量的水加上軟性材質的海綿直接清洗，主要是避免清潔劑的殘留。

如果需要用清潔劑清潔上壺，原因不外乎太久沒有使用已經布滿灰塵，或是剛煮完某種特殊風味的咖啡豆（如：羅布斯塔豆），或是油脂特別豐富的咖啡豆（如：深焙豆、義式綜合豆），才會用清潔劑特別加強。

❶清潔前，請務必確定上壺已經冷卻，然後用輔助手（如果你是右撇子，輔助手就是左手）抓穩上壺的下半部，慣用手由上往下直接往上壺壺口拍兩、三下，就會看見咖啡粉跳了起來。

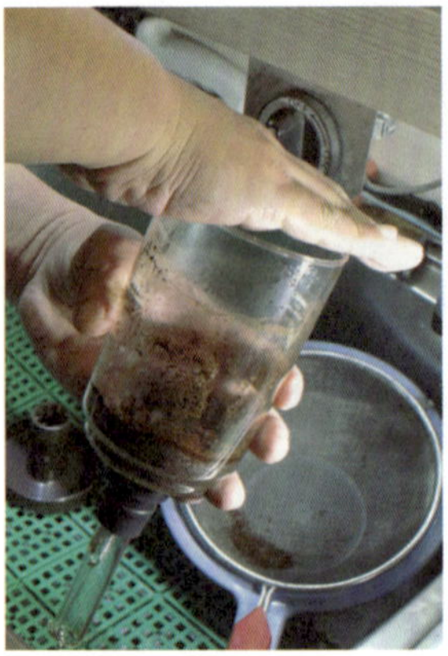

❷把咖啡粉直接倒入垃圾桶，絕對不可以倒入水管。

❸在水槽旁準備一個網目很細的篩子，將上壺直接加水，搖晃一下壺身後倒入篩網中，過濾廢水。

❹在水龍頭下用清水與軟質海綿清潔。清潔時請特別小心下管，下管很容易因為操作時不慎碰到洗手台或水龍頭而破裂毀損。

❺擦乾上壺內外，置於上蓋，放一旁晾乾。

下壺

下壺的清潔通常使用大量的清水注入，搖晃壺身後直接倒出，不會使用清潔劑。

下壺清潔完後，有三種比較常用的擺放法。

第一種是將下壺加滿水到瓶口，避免灰塵入侵。使用前將水倒出，再倒入乾淨的水稍微洗過就可以直接使用。店家在營業時間經常使用此法。

第二種是鬆開固定架的夾子，將下壺一百八十度顛倒，用固定夾夾好。這樣能讓水自然滴落晾乾，也能避免灰塵。通常是店家晚上打烊後使用。

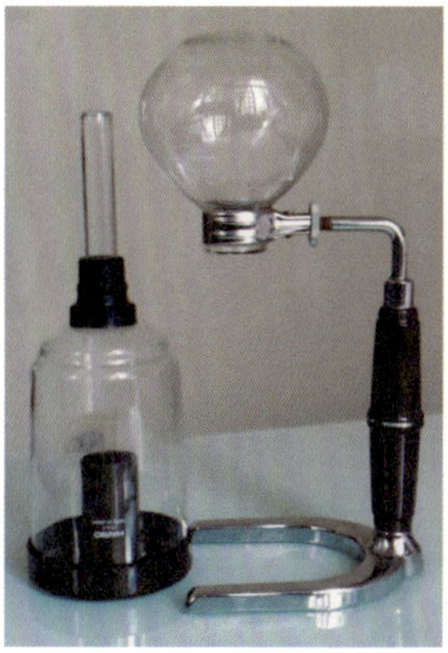

第三種適合一般使用者，等晾乾後再反轉下壺，結合上壺、上蓋放置一旁，等待下次使用。

此外，某些吧台（工作場所）的設計有合適的地方可以直接倒掛下壺晾乾，方便師傅下次取用。

濾布

虹吸咖啡的濾器有很多不同的設計、材質與造型，後續篇章會有更多討論，這裡暫時跳過。

濾布是原廠附的過濾器材，過濾效果好。好使用、好操作、好上手、好取得、價格便宜等等，都是濾布的特色，時至今日仍在虹吸咖啡沖煮中占有第一的位置。

濾布從上壺拆下後，只要過水就可以清掉大部分附著其上的殘渣，然後再用刷子直接刷濾布，就可以刷掉仍然沾黏的其餘咖啡粉。若沒有刷子，可用舊牙刷代替。

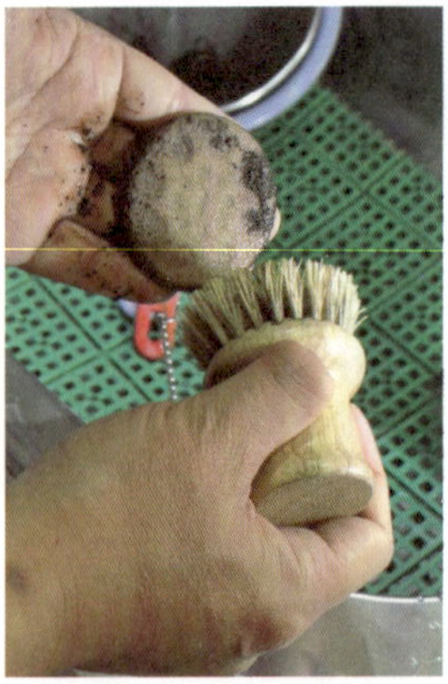

刷好後，將濾布放入杯子裡用熱水浸泡五分鐘後倒掉，當天還要用的話，放入注滿水的杯子內泡著備用。

如果當日不再使用，將濾布沖洗乾淨後放入密封罐內泡水，蓋緊後放入冰箱冷藏。

濾布更換方面，通常是碰到下列情況：

❶濾布已明顯變黑，有油耗味、酸臭尿布的味道。

❷咖啡煮完後，下壺會有一點點咖啡渣，濾布間的纖維孔洞已經無法有效過濾咖啡渣。

❸濾布有無法消除的味道，或超過一年以上沒用。

更換濾布很簡單。坊間都有販售虹吸咖啡使用的濾布，只要用剪刀剪斷舊濾布的固定繩，就可以直接拆下舊濾布並丟棄。

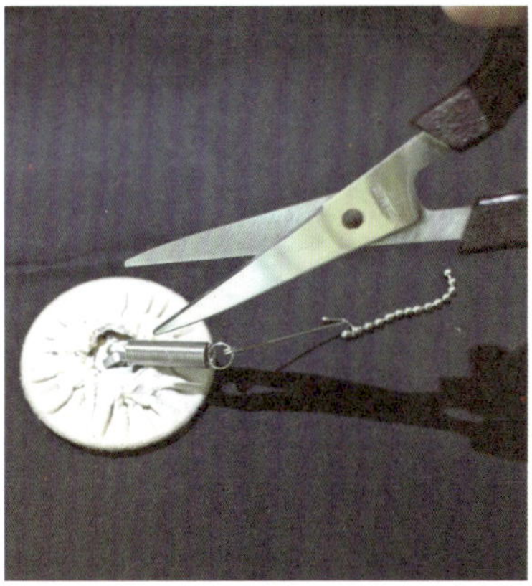

然後將新濾布放在濾器正中央，拉緊固定繩先打一個結固定後，用輔助手的手指壓在繩結上固定，再用慣用手重複打兩、三個死結，綁緊，用剪刀將多餘的繩頭剪斷。

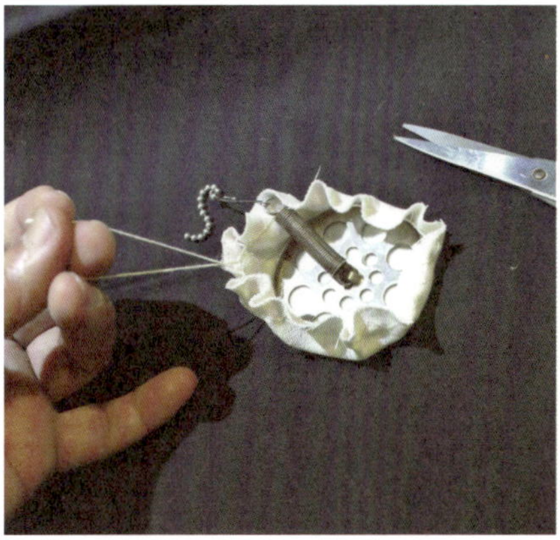

最後，換妥新濾布後，先用熱開水煮三到五分鐘，取出後就可以開始使用。

5

從沖煮原理到沖煮計畫

沖煮計畫，就是沖煮咖啡之前立定的計畫，能讓我們製作咖啡時有系統的規劃整個流程，並在製作完成後針對缺失做出有依據的調整。

沖煮原理

溶解、擴散

不用想得很困難，咖啡沖煮其實就是「溶解與擴散」的操作而已。

溶解作用是易溶解的物質溶解於水溶液中，並隨水溶液帶走。

擴散作用是一個基於分子熱運動的運輸現象，是分子經由布朗運動（布朗運動是微小粒子或顆粒在流體中做的無規則運動）從高濃度區域向低濃度區域的運輸過程。

靜下心來看，很多所謂的沖煮手法，單純就是在操作溶解與擴散間的相互作用而已。

一旦了解咖啡風味溶解的順序依照酸、甜、鹹、苦釋放，成就沖煮後的千香萬味，我們就可以利用基本的技巧來操作控制風味的釋放濃度，以此構成我們所需要的風味，就是這麼簡單。

而沖煮過程中，我們可以隨時掌握影響溶解與擴散作用的技巧，不外乎攪拌、溫度和時間。只要掌握這三個技巧，交互運用，自然就能變化出需要的各種風味組合。

三個重點變因

孫子有云「知己知彼，百戰不殆」，煮虹吸咖啡也一樣。一定要知道自己在煮咖啡的時候，手上可以用的「武器」是什麼、可以拿什麼控制結果。若想自詡「咖啡藝術家」，這些是一定要知道的基本技能與知識。

製作虹吸咖啡的整個流程裡，我向來認為攪拌、溫度和時間，是煮咖啡時可以立刻改變的三個變因，只要能夠好好利用這三個變因，相輔相成，自然就能將虹吸咖啡的風味發展到另一個不同的層次（七十五頁會討論無法改變的變因）。

不過，三個主要變因中，哪一個對於咖啡溶解影響最大？

攪拌〉溫度〉時間

我經常分享以下小實驗。

在水杯裡倒入一百毫升常溫水，然後加入十克的二砂糖。一分鐘後，二砂糖依然保持原來的樣子。這時再加入一百毫升的滾燙開水，一分鐘後，二砂糖的邊緣開始擴散且有明顯的層次，但

二砂糖在水裡的溶解作用

整體依然清晰可見。此時，水杯裡的水溫雖已提高，溶解速度卻沒有因此變快。接下來，拿湯匙直接在水杯裡攪拌，只要十秒鐘，二砂糖全部消失不見。

由此可知，利用攪拌，二砂糖的溶解將最快、最有效率；其次是提高水溫；最沒有效率的是單純延長二砂糖在水裡浸泡的時間。結論就是，影響咖啡溶解最主要的三個因素，攪拌〉溫度〉時間。

然而，早年煮虹吸咖啡時，最在意的往往是煮咖啡的時間，其次是虹吸咖啡上壺溫度，最容易忽略攪拌控制，所以很容易煮出風味不穩定的咖啡。如此結果的成因，非常明顯。

現今資訊傳遞愈來愈發達，咖啡周邊器材愈來愈進步，咖啡器材商為了銷售商品，難免會放大器材對於咖啡最終風味的影響力，也讓我們容易把注意力集中在器材如何影響了風味，反而忽略了煮咖啡時最基本的沖煮原理對於風味的控制影響。

我並非反對追求更精良的咖啡周邊器材，而是希望大家認清精良的咖啡周邊器材的確能提升咖啡的品質，但絕對不是影響咖啡最終風味的決定性因素，並不需要一味追求高單價的咖啡周邊，應該做的是先充實自己的知識、技巧，其次才是購入合適、精良的器材來提高咖啡風味的精準度。

記得我第一次參加TBrC（世界沖煮大賽台灣選拔賽）時，當時選用的磨豆機是國產的小飛馬鬼齒刀盤磨豆機，約新台幣三千五百元左右，咖啡豆是當時我很喜歡的產區，衣索比亞的獅子王水洗處理法，半磅約台幣六百元，再加上三個V60陶瓷濾杯。在後台準備時，看到各式高價磨豆機、精密的篩粉器、最夯的新式濾杯，甚至千元起跳的骨瓷杯，根本就是軍備競賽！看得我眼花撩亂，信心全無。但最後我還晉級了。

我想說的是，高價器材絕對可以協助我們精準萃取咖啡風味、控制風味發展，不然不會有這麼多人使用這些器材；但與此同時，你仍得承認，風味的萃取、控制好壞的關鍵，仍然立基於最基礎的沖煮原理。

回到本節主題。

煮虹吸咖啡的過程中，我們可以用任何形式的攪拌方式來控制咖啡溶解的速度快慢，也可以用不一樣的熱源特性來控制火力輸出，或是利用外力介入的方式拉高或降低上壺的水溫，煮咖啡的整體時間可以從三十秒到三百秒，完全沒有限制，只要風味的感受是合理的、正向的。

另一方面，若想探討你做的每一個動作萃取出什麼風味？減少了什麼風味？風味與風味的結合創造了何種感受？咖啡的醇厚度如何？酸質的表現好不好？平衡性呢？該份沖煮計畫在這一次的結果上是否還有進步空間？你會發現，所有一切的基礎都完全建立在「沖煮理論」與「金杯準則」上，而非高貴的咖啡周邊器材。

我相信，一旦煮咖啡的知識基礎穩固了，對於沖煮理論、金杯準則，以及攪拌、溫度和時間的掌握都有自己的想法時，只要善用這三種基本知識與技巧，一定能製作出屬於你個人風味的美味咖啡。多次練習後，也能自然而然地將想法、想表達的風味，輕鬆鑲嵌在你的咖啡作品上，讓你的咖啡擁有不同於一般咖啡的靈魂，這也是我希望的。

金杯準則

擬定沖煮計畫前，需要先知道何謂「金杯準則」。

簡單比喻，金杯準則就是由「縱軸＝濃度」和「橫軸＝萃取率」所構成的九宮格。

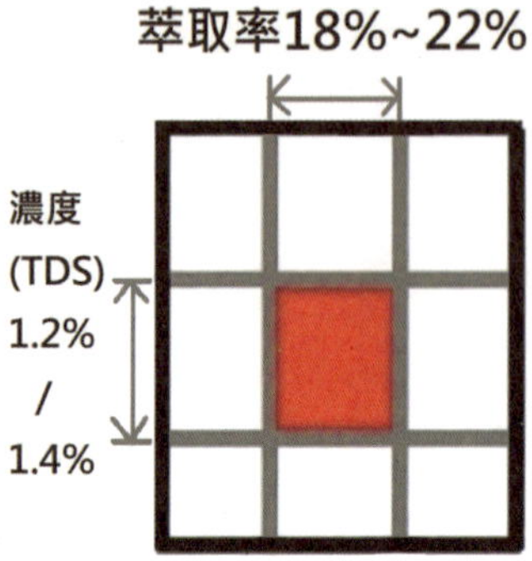

如果把這個九宮格當成投手投進本壘板的好壞球，正中央五號的位置就是最甜美的好球，也是金杯準則的美味咖啡位置。

「濃度」就是有多少東西溶解在水裡。舉例來說，一百公克的水裡含有一公克鹽巴，那這杯鹽水的濃度就是一％。

「萃取率」則是指用來沖煮的咖啡粉，有多少比例的物質被溶解到水中變成了咖啡。好比在水裡放入一顆一百克的冰糖，經由數次攪動後將冰糖撈出秤重，所得到的重量是八十克，就代表有二十克冰糖被溶解到水中，而這顆冰糖的萃取率就是二十％。

由此將得到兩大簡單結論：

第一，隨著濃度的上升，咖啡味道會愈來愈強，而且味道會從一開始酸甜感比較明顯，慢慢變成有苦味伴隨，到最後苦味的感受已經蓋過咖啡其他風味且變得非常明顯。

此時的「苦味」是因為咖啡

液濃度過高所造成的。過高的濃度會造成風味上的「擠壓」，讓味覺產生苦的一種錯覺。辨識方式很簡單，只要將咖啡液兌水稀釋，如果明顯喝得出其中的風味，就能證實這是因為「濃度過高」所形成苦味的錯覺。

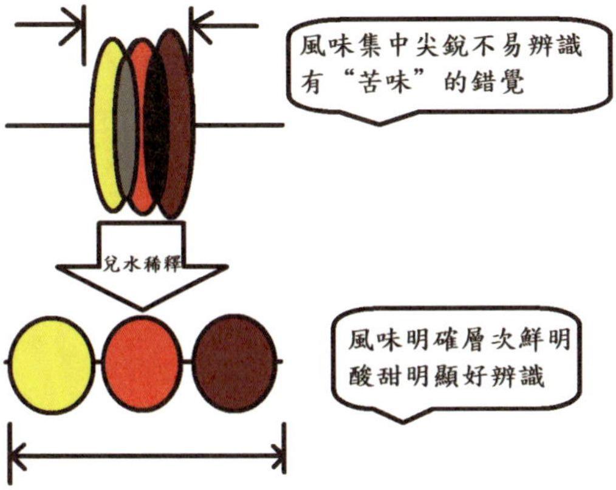
風味集中尖銳不易辨識
有“苦味”的錯覺
兌水稀釋
風味明確層次鮮明
酸甜明顯好辨識

第二，在固定的粉量和萃取架構之下，隨著萃取率的上升，咖啡味道會從一開始酸甜感比較明顯，慢慢變成有苦味伴隨，最後甚至出現豐富的澀味、雜味。

這裡的苦味、澀味與雜味是因為萃取率過高而萃出來的風味，有可能是咖啡品種或是烘焙師的烘豆方式所造成。辨識方法很簡單，如果將咖啡液兌水稀釋後，仍然分辨得出苦味（比較像西藥的苦，讓人覺得不舒服，也不會有回甘的感覺）與澀味、雜味，那就是因為過度萃取而跑出來的風味。

最有趣的是，萃取率較低時，酸甜感比較明顯；萃取率變高時，則苦味、澀味、雜味比較明顯。

其實金杯準則想表達的結論很簡單，縱軸是咖啡的濃度，橫軸則是咖啡的萃取率。當沖泡出來的咖啡濃度介於1.2～1.4 TDS，萃取率也同時達到18％～22％時，被認為是落在理想的萃取範圍內，這時的咖啡風味適中、濃度合宜，是一杯美味的咖啡。

當然，金杯準則與本書其他知識一樣，都只是幫助我們學習咖啡的重要資料，千萬不要過度依賴、奉為圭臬，限制了你的咖啡風味發展，阻礙了其他可能性。世界咖啡沖煮賽中，已有無數選手證明，好喝的咖啡不一定符合金杯準則的參數！

沖煮計畫

沖煮計畫，就是沖煮咖啡之前立定的計畫。

對於學咖啡的人來說，「沖煮計畫」是很好用的工具。

沖煮計畫能讓我們在製作咖啡時有系統的規劃整個流程，並且在咖啡製作完成後針對缺失做出有所依據的調整，而非盲目修改參數，不知道自己到底變更了什麼變因，甚至導致風味上的差異也不清不楚。

沖煮計畫可以加速「有效學習咖啡」，也是我參加比賽時最常使用的手法。它能夠讓我們更知道每個參數造成的風味差異。動手製作下一杯咖啡時，就會知道需要更改什麼參數，以做出一杯風味合乎己意的咖啡。

不要讓太多的咖啡白白犧牲，讓它們犧牲的沒有任何意義，這不是咖啡農樂見的。

若以衣索比亞的耶加雪菲（水洗處理法）來舉例，由於這支咖啡豆的前段有明顯橘子的風味與白糖的甜感，所以我會把沖煮重點擺在前段的風味和香氣上，設定的沖煮計畫如下：

❶下壺熱水加到刻度3的位置（約三百六十毫升）。

❷準備三平匙咖啡豆，用磨豆機磨到約二砂糖大小。

❸點火加熱下壺，上壺斜插等待。

❹下壺鏈條上有綠豆大小氣泡時，結合上壺。

❺等水開始往上移動時調小火。

❻等水上升到一半時，將火源移到旁邊使用邊緣火。

❼當下壺水完全上升到上壺時，用攪拌棒先轉三圈，觀察上壺氣泡狀況來移動瓦斯爐，調整火力，將氣泡調整到與二砂糖大小差不多時，倒入咖啡粉，同時開始計時。

❽先用刺壓的方式讓所有咖啡粉都浸泡在水裡。

❾第十五秒，用畫8的方式攪拌四次。

❿第三十秒，用畫8的方式攪拌兩次。

⓫等到四十五秒時，不攪拌。

⓬等到六十秒，關火，將瓦斯爐移到一旁，等待上壺水自然落下，完成。

從這份完整的沖煮計畫出發，接下來我們就可以根據煮好的咖啡風味，決定是否要加強或減少部分風味，以此調整整體咖啡風味，進一步修改沖煮計畫的內容。

記得，每一次只能修改一樣參數，這樣才能明確知道修改的部分到底是影響哪一種風味。不斷累積經驗後，你會發現，每一次都能接近自己想要的風味表現，修改次數也愈來愈少。

沖煮計畫（虹吸）	磨豆機：小飛馬鬼齒			室溫：25		日期：114/5/7	
咖啡名稱	耶加谷吉	沖煮計畫			風味描述	評分（1-5）	風味敘述
		時間（秒）	攪動（次）	火力（高／中／低）	風味	4	橘子＋葡萄柚
		0	刺壓（預浸）（次）	中	酸值	4	明顯＋上揚
		15	8字 4（次）	低	餘韻	3	烏龍茶般 舒服回甘
處理法	水洗	30	8字 2（次）	低	甜味	3	明顯的白糖
烘焙度	淺	45	字 0（次）	低	平衡性	3	酸值明顯
研磨度	4				補充	熱的時候很好喝 冷的時候酸變明顯	
倒粉先後	後	2次攪拌／60秒關火自然落下					
插管先後	後						

沖煮計畫表

<table>
<tr><td colspan="2">沖煮計畫
（虹吸）</td><td colspan="3">磨豆機：</td><td colspan="2">室溫：</td><td>日期：</td></tr>
<tr><td rowspan="4">咖啡名稱</td><td rowspan="4"></td><td colspan="3">沖煮計畫</td><td>風味描述</td><td>評分
（1-5）</td><td>風味敘述</td></tr>
<tr><td>時間
（秒）</td><td>攪動
（次）</td><td>火力
（高／中／低）</td><td>風味</td><td></td><td></td></tr>
<tr><td></td><td>○
（次）</td><td></td><td>酸值</td><td></td><td></td></tr>
<tr><td></td><td>○
（次）</td><td></td><td>餘韻</td><td></td><td></td></tr>
<tr><td>處理法</td><td></td><td></td><td>○
（次）</td><td></td><td>甜味</td><td></td><td></td></tr>
<tr><td>烘焙度</td><td></td><td></td><td>○
（次）</td><td></td><td>平衡性</td><td></td><td></td></tr>
<tr><td>研磨度</td><td></td><td></td><td>○
（次）</td><td></td><td rowspan="3">補充</td><td colspan="2" rowspan="3"></td></tr>
<tr><td>倒粉先後</td><td>先／後</td><td colspan="3" rowspan="2"></td></tr>
<tr><td>插管先後</td><td>先／後</td></tr>
</table>

風味調整

咖啡沖煮完成，喝看看！味道滿意嗎？有沒有什麼要改善的呢？

倉庫理論

想修改咖啡的風味，大前提是——這支咖啡豆有足夠的風味溶質能讓我們「取捨」。

根據倉庫理論「拿走什麼！留下什麼！」，咖啡豆就像一間大倉庫，裡面有非常多的風味。每一次沖煮萃取出來的風味會在咖啡液中，剩下的則留在咖啡渣裡。觀察咖啡渣可以了解咖啡在沖煮過程中經過了哪一種萃取方式，也能藉由咖啡渣的殘餘氣味了解還有多少東西殘留在渣裡。

因此，依據沖煮計畫完成沖煮後，不要急著把煮完的咖啡渣處理掉，它可以傳達很多訊息，讓我們更加了解這次沖煮，也多一個參考數據。

偶爾，我會將咖啡渣放入碗內，再倒入約一百毫升高溫水，泡一分鐘後喝喝看，藉此了解這一次的咖啡沖煮後還剩下什麼。

舉例來說，假如咖啡渣裡還有豐富的酸值香氣，是否代表可以加強前段以獲取更飽足的前段風味？畢竟前段的風味通常和「酸」綁在一起。

這就是所謂的「風味取捨」。如何調整酸、甜、韻的比例是一門技術、學問，也是一門藝術。

此外，咖啡師想表達怎樣的風味

體驗也很重要。

與此同時，我想強調，並非把全部的風味萃取出來才是好的。

一如做菜，不需要把所有的魚、蝦、蟹、海產、豬肉、牛肉、羊肉、葉菜、根莖蔬菜統統加入同一鍋，適當調配食材，風味才會更好、更有層次感。

調整出擁有極佳平衡的咖啡，或是適度凸顯地方特色的咖啡，我認為才是一杯好咖啡。

咖啡風味的溶解順序

回過頭來說，假如做出的判斷是「前段感覺風味不足」，那是不是可以在第十五秒改成攪拌八次？

為什麼這麼做呢？

想理解箇中原理，不得不提到咖啡風味的溶解順序。

為了理解「咖啡風味的溶解順序」，可以先做個小實驗。

❶將二十克咖啡粉磨成二砂糖左右大小。

❷用一百度高溫的水，分三段直接倒入濾杯（我常用浸漬濾杯，方便操作）。

❸每段加入一百毫升。

❹每一分鐘沖一段。

❺將每一段沖出來的咖啡液分別裝入分享壺，分別品嘗三個分享壺內的咖啡風味，這就是「咖啡前、中、後段的風味」。

第一壺

咖啡的主調性風味，顏色最深、最濃。

以衣索比亞的耶加雪菲為例，它有明顯的酸值、甜感，甚至略帶些小白花的香氣。

由於第一杯濃度很高，風味過度集中，通常我都會兑入等量的水，將風味拉開後品飲辨識。如果以這次舉例的參數為例，扣除咖啡粉吸水後流入分享壺的咖啡液，我會兑入七十毫升的水，讓咖啡的風味更明確、清楚易辨識。

第二壺

以咖啡的中段風味為主，通常夾帶些許前段的香氣與尾段的韻味。顏色比較偏向我們平常喝咖啡的顏色再淡一點，入口的風味強度也稍微低了些。

以衣索比亞的耶加雪菲為例，堅果類的風味明顯，伴隨著淡淡的酸質、甜感與尾段的一點點苦。

第三壺

以咖啡的尾段風味為主，顏色偏淡，入口的風味強度也低了很多，感覺很「水」。

以衣索比亞的耶加雪菲為例，巧克力、可可的韻味可以辨識，堅果與甜感相對不明顯。有些風味上的瑕疵如苦味、澀味，此時也喝得到。

雖然虹吸咖啡的浸泡式系統與手沖咖啡的過濾系統，濃度與溶解率不同，本實驗結果不代表虹吸咖啡的風味釋放會與這三壺一致。但這個小實驗能讓我們了解沖煮虹吸咖啡時每一段的攪拌所溶解出的風味，以此比對我們喝到的風味後，就可以對每一段因為攪拌所產生的風味有更深一層的了解，進而調整需要分段風味的強度，最後組合成一杯好喝的咖啡。

比如感覺太酸，第一段的攪拌就緩和些，甚至不攪拌；感覺太苦，那第三段的攪拌就緩和一點或是不攪拌，甚至提前關火。

又比如，若按照我的沖煮計畫，第四十五秒並沒有做任何攪拌。如果品嘗時覺得咖啡尾段的味道太重，第四十五秒是否直接關火？反之，如果感覺尾韻不足，也許第四十五秒需要加一次或兩次攪拌？或者延長關火的時間？

總之，調整風味時請記得，一次只改變一個變因，操作久了，自然就會有自己的習慣與參數。

也別忘記，可以改變的參數非常多！除了攪拌次數、間隔時間、咖啡粉量、咖啡粉粗細、下壺水量多寡、煮咖啡的時間、攪拌次數，甚至連上壺水溫都可以改變。

只要理解「金杯準則」與「咖啡風味溶解順序」，你就真正明瞭每一個操作將會改變的風味，以及接下來能夠調整風味的方法，不用把每一次的結果交給上帝決定，而有科學基礎的操作，才能再次重現記憶中的美好。

我的揚長避短心法

在我心中，能照SOP沖煮出一杯咖啡是「好技工」；能精準無誤地如實表現每一杯咖啡的風味和特色，並能一次次精準重現，無庸置疑是位好「咖啡匠」；了解咖啡風味並適度萃取出迷人風味，賦予咖啡特有靈魂的，才稱得上是一位好的「咖啡師」。

擔任客座咖啡師時，由於現場面對的每一支咖啡豆通常都比較陌生，我習慣將今天要沖煮的咖啡豆先做一次杯測，簡單的把咖啡風味特色寫在小卡上，出杯時就能快速知道這支咖啡的風味走向，以及該如何調整。

依據「拿走什麼！留下什麼！」的倉庫理論，煮咖啡前，利用杯測或是煮過的咖啡粉來了解一支咖啡豆包含的所有風味，了解之後，就能調整它的風味比例。

而這點之所以非常重要是因為，一定要先知道這支豆子可以萃取出什麼風味（正向風味），以及應該避免萃取出什麼風味（通常會避免萃取瑕疵風味），才能調整出合適的風味，並利用咖啡在不同時間會釋放出不同的風味特性，調整出自己想表達的風味。如此一來，沖煮時更能發揮想法，讓咖啡風味能夠合理展現。

簡言之，就是控制好要萃取多少的酸、甜、苦，讓風味之間完美結合，揚長避短、「隱惡揚善」。

早期沖煮咖啡時，經常忘記最基本的「酸甜比例」原則，萃取出過多或太過明顯的酸質，大多數飲用者都無法接受。

我目前有兩大類做法，一是減少「酸」的萃取，一是提高「甜」的萃取。

若想減少前段酸質的萃取，我常用的三種操作方法如下：

第一種是減少第一次攪拌。比如減少攪拌力道、圈速和時間，甚至不做第一次攪拌。

第二種是延長第一次攪拌前的浸泡時間。我會刻意將咖啡預浸的浸泡時間延長三十秒，也就是總長約莫六十秒，甚至更長，然後才開始第一次攪拌。

第三種是先投粉並且提早結合上下壺，讓咖啡粉先接觸低溫水並操作第一次攪拌，隨著下壺的水慢慢上升到上壺後，再操作隨後的攪拌動作。

當然還有其他方法。

比如先預留下壺五十到一百毫升的空間，在下壺的水衝入上壺且精準控制火源讓溫度上升不要太快，下壺水上升完畢時，再把常溫水（甚至冰水）加入上壺，讓上壺的水溫下降，這時再投放咖啡粉，就能達到前段的低溫萃取。

不過，我目前還沒有碰到需要加入冰塊來大幅減少前段風味萃取的咖啡。

至於提高甜的萃取，只要咖啡本身有足夠的甜，甜味在第一、第二段都可以萃取出來。

第一段風味是該支咖啡的主調性，假如這支咖啡的酸值特別明顯，就需要小心處理，別為了萃取甜味反而萃出過多的酸，這也考驗著每個人對於風味取捨的想法。

此外，煮咖啡的第二段讓咖啡粉有比較多的攪動，同樣能夠有效提高甜味萃取。不過操作第二段萃取時要特別注意這支咖啡豆的尾段有沒有明顯的瑕疵，比如煙味或苦味，因為若在第二段萃取出過多的風味，尾段的瑕疵風味也會跟著一起被萃出並且被放大。換言之，將重點放在第二段的萃取之前，一定要弄清楚這支豆子的尾段風味，才不會誤將尾段的瑕疵風味一同帶入咖啡。

了解咖啡豆能夠萃取出多少風味，再利用自己的知識來減少、來調整某些風味的萃取，就能讓咖啡的整體風味更迷人且更有特色。風味調整沒有捷徑，多加練習就對了！

最後也想再次提醒，書中提供的所有參數都只是引導初學者動手沖煮咖啡的參考數值，並不是絕對值。它們可以隨意更改、修正，並經由長時間的經驗累積，建構出只屬於你的習慣。

這是個人風格的建立，也將是只屬於你個人的咖啡風味。

酸 VS. 甜

事實上，酸、甜比例分配並沒有想像中那麼難。酸和甜之間的關係，製作一杯蜂蜜檸檬水就能深刻體會。

在一百毫升的水裡加一茶匙檸檬原汁和一茶匙蜂蜜，攪拌均勻後喝看看，再根據喝到的風味來調整蜂蜜和檸檬原汁的比例就會發現，明顯的酸需要很多的甜來撐住整體風味，但過多的甜又會讓酸的呈現變得不夠明確，沒有層次感。

6

虹吸咖啡進階沖煮

熟記虹吸咖啡的基本操作技巧，能夠煮出一杯好喝的虹吸咖啡後，如果希望在虹吸咖啡的製作上更進一步，本章將提供更進階的知識和技巧。

沖煮咖啡風味的乘法關係

咖啡沒有完美的，想讓第二杯咖啡比第一杯進步、好喝，需要一些理論為基礎。一旦熟悉沖煮基礎知識，再加上你想表達的想法、概念，就能賦予一杯咖啡靈魂。

煮咖啡時一定要知道的三個基礎知識，無疑是：

◆沖煮原理

◆金杯準則

◆沖煮咖啡的乘法關係

若想進入「進階沖煮」，務必熟讀五十二頁的沖煮原理和五十六頁的金杯準則，所有的進階沖煮都藉由這兩個基礎往上堆疊而成。一旦熟悉沖煮原理並參考金杯準則，將風味想辦法投進「好球帶」，適當地表現咖啡的風味，讓飲用者露出滿足的笑容，我覺得就是精品咖啡最大的價值。

與此同時，在沖煮原理和金杯準則之外，「沖煮咖啡風味的乘法關係」同樣非常重要，是咖啡師煮咖啡時一定要知道的三個基礎知識之一。

什麼是「沖煮咖啡風味的乘法關係」呢？

從選擇咖啡豆、研磨到沖煮完成，一連串的動作，其實是某種「乘法關係」。

起頭以後，往後每一個環節只要有一點點不足，最後都會造成完全不同的結果。各個環節如果沒有操作好，後段的操作無法彌補前段的不足，而且由於每個環節不斷「乘法作用」使然，咖啡風味最後將和預想的目標相差很多。而最終成品，就是整個過程不斷經由「乘法作用」累積出來的結果。

換個方式比喻：如果我使用一百分的咖啡豆，用能將咖啡風味發展出九十分的方式研磨咖啡豆，再用能將咖啡風味發展出九十分的沖煮器材，並用將咖啡風味發展出九十分的水，使用能將咖啡風味發展出九十分的技巧，搭配能將咖啡風味發展出九十分的溫度，最後再用將咖啡風味發展出九十分的時間，若把上述概念看成是某種數學算式，計算方式如下：

$$1 \times 0.9 \times 0.9 \times 0.9 \times 0.9 \times 0.9 \times 0.9 \times 0.9 = 0.531441$$

結果只能表達咖啡風味的一半左右。是否和想像中的咖啡風味表達有很大的落差？

當然，實際結果的差異並沒有這麼大，我只是想透過這樣的方式清楚表達我的意思。

今天假如想煮一杯虹吸咖啡，我個人認為的順序如下：

咖啡豆方面——

挑選今天要煮的咖啡豆，設定想表達的風味特色，並依照咖啡豆的風味特性、咖啡豆本質結構、烘焙程度的不同、在萃取上需要注意的地方，擬定沖煮計畫。

磨豆機方面——

依照沖煮計畫挑選適合的磨豆機、研磨刻度、是否篩粉，這都關係著最後咖啡風味的呈現。

沖煮器材方面——

想使用什麼形式的虹吸壺？什麼形式的濾芯？攪拌棒要使用哪一款？加熱方式是瓦斯爐、酒精燈還是光爐？

水方面——

為了達到理想中的風味，該用調製水、過濾水，還是純水？

溫度方面——

下壺水溫幾度時該結合上壺？上壺煮咖啡時水溫該維持多少？過程中需要變溫嗎？是升溫還是降溫？

沖煮技巧方面——

下壺水上升至上壺接觸咖啡粉後直接操作嗎？還是等一下再操作？如何攪拌咖啡粉？溫柔或暴力？想帶出什麼風味？

時間方面——

什麼時候攪拌？如何攪拌？全部的沖煮時間多久？

而咖啡的最終成品，就是整個過程不斷經由「乘法作用」累積而成的結果。

微觀論

所謂的「微觀論」就是發揮想像力，把自己想成正在上壺煮的水和咖啡粉，此時此刻正經歷什麼反應。

試著想想：

將粉倒入上壺中，水和粉接觸後，水開始進入咖啡粉的細胞內，將氣體排出，並開始溶解「最容易」溶於水的物質，藉由攪拌的動作，水將溶解物帶出，同時其他的水也進入替換，然後重複相同的模式。

當咖啡停止攪動時，這時咖啡粉雖然沒有水的流動，擴散作用還是持續進行，同時「細胞內」的水因為有足夠的時間，濃度將達到飽和。這時再次攪動，新的水替換出這一批原先在細胞內的溶液，也造成這一段萃取會特別濃郁，分段的濃度也會特別高。

然後，每一次隨著咖啡粉與水的接觸時間愈長，溶解出來的東西愈多，原本難溶於水的東西

也開始釋放。而這正是尾段的風味以較「重」的風味居多的原因。

同樣以五十八頁沖煮計畫的步驟舉例。

由於今天要沖煮的這支衣索

比亞耶加雪菲水洗處理法咖啡豆，前段有明顯橘子的風味與白糖的甜感，我的沖煮重點擺在前段的風味和香氣，擬定的沖煮計畫如下：

❶下壺熱水加到刻度3的位置（約三百六十毫升）。

【微觀論】使用純水，就是不希望水中的酸鹼值、硬度和TDS影響沖煮結果，希望藉由最平常的溶解萃取出穩定性高的咖啡溶液。

❷準備三平匙的咖啡豆。

❸用平刀盤的磨豆機磨到約二砂糖大小。

【微觀論】使用平刀盤的磨豆機可獲得較大表面積的咖啡粉，讓咖啡風味表現更明顯。也因為平刀的特性，在尾段風味的萃取上也要特別注意，別萃過頭！

❹點火加熱下壺，上壺斜插等待。

【微觀論】使用瓦斯爐加熱，希望藉由瓦斯爐快速加熱、方便調整火力大小的特性來控制風味萃取。

❺下壺鏈條上有綠豆大小氣泡時，結合上壺。

【微觀論】氣泡大小關係著水到上壺的初始溫度，如果有先下粉的需求，這裡一定要多注意！

❻等水開始往上移動時調小火。

【微觀論】這裡的操作關係著上壺水位升高的速度與升溫的快慢，如果採用先下粉的操作方式，這裡的控制將直接影響預浸效果。火力的控制時機相當重要。

❼等水上升到一半時，將火源移到旁邊使用邊緣火。

【微觀論】這裡控制的是上壺水溫與穩定性。

❽當下壺水完全上升到上壺時，用攪拌棒先轉三圈，觀察上壺氣泡狀況來移動瓦斯爐，調整火力，將氣泡調整到跟二砂糖大

小差不多時，就可以倒入咖啡粉，同時開始計時。

【微觀論】水與咖啡粉開始接觸，咖啡粉只有少部分接觸到水。此時重點在於水溫，因為接下來的操作與溫度高低有著直接的影響。不清楚上壺水溫就用溫度計量一下。

❾用刺壓的方式，讓每粒咖啡粉都浸泡在水裡。

【微觀論】這時候水會開始進入咖啡細胞內預先溶解內容物，同時排除出空氣，因此咖啡粉層在上壺會開始變厚。如果預浸的時間夠長，細胞內的液體濃度將達到飽和。

❿第十五秒時，用畫8的方式攪拌四次。

【微觀論】第一次的攪拌會將稍早在咖啡細胞內預先溶解的大量物質，經由與乾淨的水之間的交換釋放出來，並不斷地將新的水送往細胞內持續完成溶解物質、交換釋放的動作，直到停止。這一次的攪拌會溶解出最豐富的內容物，也是決定一杯咖啡主體風味的關鍵。

⓫第三十秒時，用畫8的方式攪拌兩次。

【微觀論】第二次的攪拌會將稍早在咖啡細胞內溶解的物質，經由與上壺的水之間的交換釋放出來，並不斷地將水送往細胞內持續完成溶解物質、交換釋放的動作，直到停止。這一次的攪拌水會帶出上次預留在細胞內的內容物，比較多的是屬於堅果類的風味，少部分有在第一次攪拌殘留的風味與後段屬於大分子（如可可、巧克力味）的風味，同時有少部分咖啡油脂也會在此時溶解出來。

⓬第四十五秒時，不攪拌。

【微觀論】此時細胞內的水持續溶解、擴散咖啡細胞內的內容物，如果時間許可，細胞內的水溶液會達到飽和狀態。

⓭等到六十秒時，關火，將瓦斯爐移到一旁，等待上壺水自然落下，完成。

【微觀論】細胞內的水溶液因為沒有攪拌，所以只有「部分」細胞內的溶液會隨著上壺水流入下壺，最終成為咖啡的一部分。這裡的物質包含較多的大分子風味與油脂，品飲咖啡時的尾韻與油脂感大多來自這段萃取。

甚至，你可以想像自己是咖啡粉或水，每次煮咖啡時只用一種角色來看整個過程，將更了解我常說的「咖啡正在跟你『對話』」。

七個無法立刻改變的條件

攪拌、溫度和時間是煮虹吸咖啡時可以立刻操作的三個變因，但有些條件卻是一開始就決定好的，無法立刻改變。

煮虹吸咖啡時無法立刻改變的條件，我認為有以下七點：

一、環境溫度
二、大氣壓力
三、水質
四、咖啡粉／細粉品質
五、濾芯
六、火源
七、有無「側風」

由於無法立刻改變，討論這些條件時，務必在擬定沖煮計畫時就要先行算入，擬定策略，才不至於影響最後的結果，最終的咖啡風味和設想的風味品質有太明顯的差異。

一、環境溫度

煮虹吸咖啡時，不論在室內或室外，一般來說，從下壺的水往上壺移動開始算起，五分鐘內都能完成整個流程。

除非遇到特殊情況，不然在製作時間內，環境溫度不太可能會產生大幅度的變化。

亞熱帶國家比較不需要考慮環境溫度的影響，但在緯度較高的國家，像瑞士、俄羅斯、加拿大等，因為緯度較高，環境溫度低，室內溫度也比較低。冬季室內甚至常常不到攝氏十度，沖煮時就需要將環境溫度列入沖煮計畫之內。畢竟在環境溫度低的情況之下，下壺的火力調整與上壺的溫度維持，都關係著咖啡成品的好壞。

最基本的，夏天與冬天的虹吸咖啡萃取，溫度與火力的調整就是不同。

請養成把「環境溫度」放入沖煮計畫的習慣。養成習慣後，煮虹吸咖啡時自然就會注意到更多細節，也更能控制你想表達的咖啡風味。

二、大氣壓力

關於大氣壓力，一般在平地時比較少有影響。

晴天的大氣壓力大於雨天，原因是在相同溫度下，氣壓愈大，空氣的密度愈大，水蒸氣愈高，天氣就晴朗。如果氣壓較低，水蒸氣漂浮的高度就會在低空或靠近地面。所以晴天的大氣壓力大於雨天。

冬天的大氣壓力大於夏天，同樣是因為冬天的氣溫低於夏天，空氣密度大，產生的壓力也大。

話雖如此，實際上，大氣壓力對於虹吸咖啡的沖煮影響並不是那麼明顯。因為大氣壓力影響的是水的沸點和瓦斯的燃燒。

平地不論是晴天或雨天、夏天或冬天，受大氣壓力影響的沸點，僅在一度C的誤差範圍內。但隨著海拔愈來愈高，大氣壓力愈來愈低，水的沸點也會跟著降低。

依照以下簡單算式「海拔高度每上升一千公尺，水的沸點約下降三度C」，阿里山樂野村鄒築園的海拔高度一千兩百公尺，水的沸點大約落在九十六~九十七度C；台中和平鄉梨山賓館的海拔高度兩千公尺，水的沸點大約是九十四度C左右，要是有機會在合歡山的武嶺牌樓附近（海拔高度三千兩百七十五公尺）煮一杯虹吸咖啡，你會發現上壺水溫在九十度C時已經開始沸騰。

此時擬定沖煮計畫就要知道，上壺水溫不會超過九十度C，應該會落在八十二~八十六度C，將咖啡研磨調細些以增加咖啡萃取面積會是不錯的選擇。

水溶液的溫度會影響水的溶解度，溫度愈高可溶解的溶質愈多，濃度也就愈高，因此當溫度降低時，水溶液內的溶質減少，濃度也跟著減少，就可以用增加咖啡萃取面積來彌補溶質的不足。

那麼提高攪拌次數呢？提高攪拌次數比較直接影響的是咖啡的萃取率，與濃度的提升不同，修改沖煮計畫建議做全面性的考量。

總之，要是有機會在高於海平面的場所煮虹吸咖啡，請記得水的沸點和平常在家裡或店裡不一樣！

和環境溫度一樣，在沖煮咖啡的過程中，大氣壓力比較沒有機會在短時間內產生巨大的變化。但一定要知道晴天和雨天、冬天和夏天，由於大氣壓力會有一點點不同，水的沸點也會有一度C的誤差。

至於瓦斯燃燒的話，空氣密度使然，瓦斯燃燒的效率也會和平地不一樣。雖然不會嚴重影響到虹吸咖啡的製作，但加熱時的效率會比較慢一些。假如你煮虹吸咖啡時需要用火力變化來表現風味，就需要把這個因素加入沖煮計畫裡。

瓦斯燃燒這個部分可以藉由調整空氣與瓦斯的混合比來改善，可以請專家協助調整。

三、水質

一杯咖啡有九十八%以上都是水，其餘才是從咖啡粉裡溶解出的物質，兩者融合後，才成就了一杯香醇無比的咖啡。水，在咖啡裡占了舉足輕重的地位。

目前已知水會影響咖啡萃取的三項指標，分別是TDS、酸鹼值與硬度。

● **總溶解固體**（TDS，Total Dissolved Solvents）

又稱溶解性固體總量，其中包含了有機物與無機物。

TDS的偵測是以導電度為換算依據，單位是mg/L，也就是ppm（parts per million）。

用市售檢測筆就能輕鬆檢測。數值愈高，導電率愈高，代表水中的可溶解物愈多。其中包含了像是鈉、鎂、鈣等礦物質與一些無機物質。

精品咖啡協會SCA建議咖啡用水指標應在75~250 mg/L，TDS目標值為150。TDS過高會導致萃取率不足，因此使用TDS值在75~250 mg/L的水來沖煮咖啡，將達到一定的萃取率。

●酸鹼值

雨水落至地表時，不論是流入河水、湖泊，或是滲入地下水層，都會溶解部分礦物質，包含碳酸鈣、鈉、鎂等。其中，碳酸鈣會轉變成碳酸氫根離子與鈣離子，而碳酸氫根離子會影響水的總鹼度，鈣離子會影響水的總硬度。

水的酸鹼pH值在咖啡萃取中至關重要。化學課本說，pH值為7.0，水為中性；若pH值高於此值則為鹼性，低於此值則為酸性。隨著氫（H^+）離子的增加，水的pH值會降低，這意味著它具有更高的酸度。當存在大量氫氧化物（OH^-）離子時水變成鹼性，將導致水有苦味。鹼性水（高pH）通常會導致咖啡風味扁平，最終導致水垢。而且鹼性高的水遇到咖啡的酸時，會先進行酸鹼中和反應，直到反應結束後才開始呈現酸值的風味。

經驗上，總鹼度在40~50 ppm的碳酸鈣製作出來的咖啡風味通常比較好，碳酸鈣低於20ppm的水煮咖啡會比較有明顯的「酸」。

難道鹼度愈高愈好嗎？高鹼度的水會讓咖啡中的有機酸愈不容易被喝到，酸質裡的「明亮感」也就不容易呈現。水中的總鹼度，還是適中就好。以咖啡萃取來說，水愈中性愈好。SCA建議咖啡使用水的pH值為6.5至7.5最佳。

●硬度

水中的礦物質（多為鈣、鎂、鈉等金屬離子）愈多，水的硬度愈高。水中的礦物質濃度是重要的味道影響因素，根據礦物質和濃度，可能會產生負面和正面影響，也顯著影響提取。

隨著科技日益發達，針對水的組成如何影響咖啡內容物萃取的研究愈來愈多，其中形成特定咖啡風味的部分關聯性也愈來愈清楚。比如較高的鈣會增加甜味與醇厚度的表現；較高的鎂離子會增加咖啡水果香氣的萃取，有助於提取更豐富、更清爽的口味。

若以對於咖啡風味萃取的影響力來說，鎂離子大於鈣離子大於鈉離子，適度增加鈣、鎂、鈉將增加咖啡的風味。

相反的，水中礦物質含量少的軟水，其特色就偏向萃取的較少、酸度也較明亮。

根據水質對咖啡沖煮的影響，精品咖啡協會SCA在金杯理論中，為適合沖煮咖啡的水質標準訂定了以下準則：

- 無色無味、不含氯的新鮮純淨水
- 水質硬度介於50~175ppm的碳酸鈣含量水
- pH酸鹼值7的中性水

不管如何，煮虹吸咖啡之前，一定要先熟悉自己的沖煮用水，確知要凸顯這杯咖啡的哪一種風味，再利用適合的水當作沖煮用水以實現心中的風味，或是利用其他不同成分的水，結合咖啡風味的萃取特性，將你需要的風味表達出來。

目前我還沒有見過利用某種技術或方法，在虹吸咖啡煮到一半時更改水質或水中成分，以達成修改萃取風味的手法。或許未來某一天沖煮技術更加發展，可以在煮虹吸咖啡的過程裡倒入某些藥劑，立刻調整水的酸鹼值，當然也包括調整TDS濃度，以達到更精準的咖啡風味控制。

事實是，我不喜歡討論水，因為我覺得水很重要，卻也不切實際。

之所以重要，是因為在煮咖啡的過程中，水是唯一的溶劑，且占了整杯咖啡九十八%以上的分量。加上已有很多實驗證實水的TDS、酸鹼值與硬度都會影響咖啡風味的萃取。在科學基礎上，我知道水會影響咖啡風味的萃取，參加比賽前的準備與測試中也確實體會了其中的差異。

之所以不切實際，是因為除了拿去實驗室化驗，或是自己用蒸餾水另外加入已知的添加物調和，根本不會知道要用的水裡含有什麼物質，再加上每個地方的水源、輸送管路、儲存水的方式都不相同，變數因此更多了。

目前我除了準備比賽時會特別針對水作調整，其餘時間的咖啡萃取都不會特別注意水的成分。現今因網路資訊發達，加上設備商推波助瀾，提升了對於水這種「溶劑」重要性的認知，甚至喧賓奪主，我覺得並不是個好現象。

比如ＳＣＡＡ出版的《Water Quality》一書提到，使用ＴＤＳ為150mg/L的水沖煮咖啡並盲測，口感普遍比較好。當ＴＤＳ較高時，會有失去平衡的酸與醇厚度，澀香氣減低，咖啡較刺激或帶澀感。當ＴＤＳ較低時則是低醇厚度，銳利的酸。

但這些資訊其實有很多盲點，我們並不知道TDS 150mg/L的沖煮用水成分是什麼？比例各多少？沖煮用的咖啡為何？烘焙度是多少？

換個方式說，同樣都是TDS 150mg/L，台北的水、高雄的水、桃園的水，相同嗎？

我認為這類訊息很值得參考，也感謝該團隊的實驗與分享，不過現在有很多咖啡老師與雜誌報導抓住 TDS 150mg/L 的數值不斷推銷、強調數值的重要性，實在讓人搖頭。

我認為，在咖啡的萃取過程中，還有很多可以改變萃取結果的部分應該受到重視，而非將注意力永遠放在煮咖啡的水，忽略了那些能夠控制萃取結果的操作，這也是我認為一位咖啡師應該具備的條件。

總的來說，現在的我沒有精準控制水質的能力，卻樂見未來有如此技術，那也將是咖啡沖煮技術的里程碑。感謝有心咖啡人的技術研究與涉獵。

四、咖啡粉／細粉品質

咖啡在沖煮前，咖啡豆經過研磨變成咖啡粉，並在整個流程裡維持相同的樣貌，經由咖啡師的沖煮操作釋放出咖啡風味。

雖然可以在沖煮過程中再次加入咖啡粉，但是咖啡粉與咖啡細粉的外型並不會因此改變。

不同的磨豆機研磨出來的咖啡粉外型不一樣，咖啡粉的粒徑分布也不同。目前比較常用的三種刀盤型式分別為平刀盤、鬼齒盤和錐刀盤。

由於刀盤形式的不同，研磨後的咖啡粉表面積大小也不一樣，沖煮時水和咖啡粉作用的面積自然也不相同。

●平刀盤

平刀盤研磨的咖啡粉表面積是三種刀盤裡較大的，沖煮時與水的作用因此最強烈。經常聽到咖啡師說，平刀研磨的咖啡煮出來的風味比較明顯，一個不留神，很容易過度萃取。我將這樣的情況比喻成「賣場的開放式貨架」，有大面積的陳列面與方便拿取物品的特性，當然也就很容易拿太多。

●鬼齒刀盤

鬼齒刀盤研磨的咖啡粉表面積是三種刀盤裡較小的，沖煮時與水的作用也最緩和，很容易將咖啡的厚實感與後段的風味帶出來，所以有了「平刀適合手沖；鬼齒適合虹吸」的說法。我將這樣的情況比喻成「賣場的島型陳列貨架」，集中的貨品陳列方式方便拿取，雖然物品的陳列面積比開放式貨架少一些，卻也因此不會一次就拿太多東西。

●錐刀盤

錐刀盤研磨的咖啡粉表面積介於平刀與鬼齒間，沖煮時與水的作用因此較為中庸。有人說錐刀盤研磨的咖啡粉「進可攻退可守」，是個很好發揮、容錯率很好的磨豆機類型。

我個人的經驗是，「細粉品質」與刀盤的設計、刀盤盤面大小與研磨時的轉速有關，並不能說這三種刀盤的設計，哪一種刀盤的細粉品質最好、細粉數量最多，或是粒徑一致性最好。這方面的差異性與磨豆機和刀盤本身的設計比較有關係，我沒有辦法分享什麼明確的結論，請大家添購磨豆機前，多試試磨豆機的表現是否符合自己的期望。

由於上述三種磨豆機各有優點，我多半都是根據想表達的咖啡風味來挑選合適的磨豆機。

比如有一支肯亞AA豆具有明顯且優雅的酸與甜，使用平刀盤研磨的話，研磨後的咖啡粉有較大的表面積與水作用，咖啡前段的酸值將非常強烈，甚至讓人皺眉，那就不是我希望的結果。我會用鬼齒刀來研磨，原因是鬼齒刀研磨後的咖啡粉表面積較少，細粉量也比其他兩種刀片形式再多一些，煮咖啡時不但可以減少酸值的風味萃取，同時可以維持甜感風味的強度，增加醇厚度（Body）與油脂感，讓前段的酸值感受更柔和，前中後段的整體風味感受更均衡。

最後值得一提的是，還有一種像果汁機的砍豆機，利用高速運轉的葉片將咖啡豆「砍」成細粉狀態，研磨粗細是利用研磨的時間來控制，是所有磨豆機中細粉外觀、顆粒大小、細粉品質最不穩定的機種，使用者大多是剛入門的消費者。

由於咖啡粉、咖啡細粉的大小與形狀千奇百怪，相對之下，萃取出來的風味十分雜亂。不過從另一個角度來看，也代表咖啡有很多方面不同的風味樣貌。

乍看之下，這樣的磨豆機似乎沒有任何優點。但我卻想再次強調，「現磨的咖啡豆永遠是美好風味的基礎」，豐富多變的細粉型態，其實也代表了咖啡風味的多樣性、可能性。如果有一支優秀的咖啡豆，經過良好的烘焙，無明顯的瑕疵風味，經由砍豆機研磨後沖煮。你猜風味會如何表現呢？

五、濾芯

濾芯同樣是虹吸咖啡製作時無法更換的條件之一，而每種濾芯表達出來的風味特色不太一樣。如果想表達咖啡風味裡某些特色，不妨試試不同的濾芯。

目前市面上我知道的濾芯材質有五種，分別是濾布、濾紙、玻璃、陶瓷和金屬濾網。

• 濾布

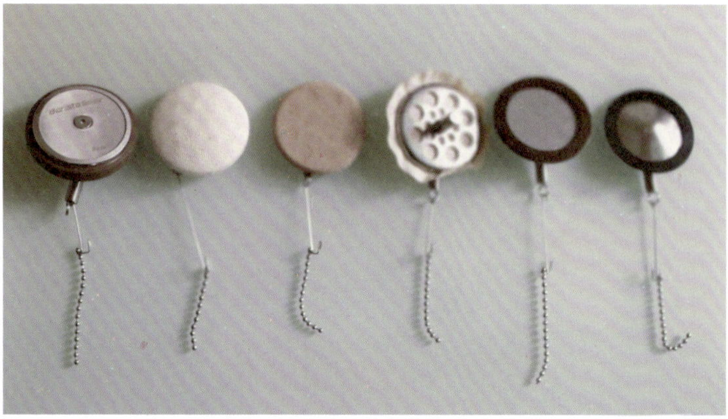

濾布是原廠附的過濾器材，除了是目前的主流，也是最多人使用的濾芯。過濾效果好、好使用、好操作、好上手、好取得、價格便宜等，統統都是濾布的特色，時至今日仍在虹吸咖啡沖煮中占據第一名的位置。

不過，濾布容易因為清潔與保存不當造成異味，影響咖啡風味，這也是我認為虹吸咖啡一直無法讓大家接受的原因之一。

以下的咖啡風味比較都以濾布當作「風味基準點」。

• 濾紙濾芯

濾紙濾芯有絕佳的過濾效果，會把咖啡的油脂一同濾掉，風味特別乾淨、清楚。

有些人認為這是濾紙的缺點，但我反而認為正因為濾紙能過濾大部分油脂，能幫助身體減少膽固醇的攝取，對於現代人的健康是友善的。

再者，一次性的使用方式對於現今生活節奏快速，對事物的要求希望簡單又便利的青年與青壯年朋友來說，既能享受屬於虹吸咖啡精緻的體驗，又能簡化清潔保存的步驟。

綜合上述兩點，我覺得濾紙濾芯很適合講求方便快速，希望保有生活品味與質感，同時兼具健康生活品質的現代人使用。我個人則認為濾紙濾芯很容易表達淺焙豆的酸質與香氣，讓咖啡風味的層次更鮮明。

現在還有另一種不織布材質的濾芯，不但能維持良好的過濾效果，又能讓大多數的咖啡油脂通過，品嘗到虹吸咖啡專屬的醇厚風味。建議有興趣的朋友多方嘗試！

● 玻璃濾芯

玻璃濾芯的底部做了類似磨砂的處理，以形成與下壺之間的間隙。這樣的過濾方式很容易讓油脂通過濾芯，讓咖啡輕而易舉獲得滿滿的油脂，讓咖啡的觸感更滑順飽滿。若想表達中焙或深焙咖啡風味中的厚實感與油脂、滑順感，建議優先考慮使用玻璃濾芯。

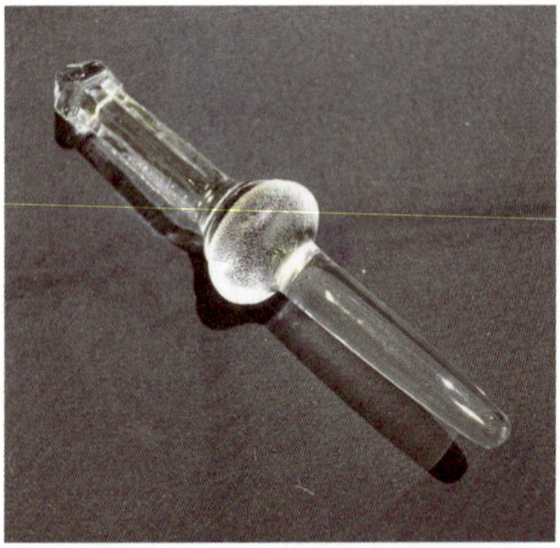

不過，玻璃濾芯經常因為細粉堵住間隙，造成咖啡無法順利從上壺流入下壺，使用時如何控制細粉，不讓細粉堵住濾芯，成了使用玻璃濾芯時最需要注意的事。

● 陶瓷濾芯

陶瓷濾芯的底部有類似「肋骨」的設計，以製造出與下壺之間的間隙，過濾出來的咖啡液和玻璃濾芯過濾出的咖啡液口感極為相似，都是滿滿的油脂感。

陶瓷濾芯同樣很容易受到細

粉的影響堵住應該流往下壺的咖啡液，又因間隙較大，咖啡液含有細粉的狀況也比玻璃濾芯嚴重，咖啡液會比較混濁。

想表達中焙或深焙咖啡風味裡的厚實感與油脂、滑順感時，可以考慮使用陶瓷濾芯。

● 金屬濾網

金屬濾網的間隙容易讓油脂與纖維質通過，很輕易地放大咖啡的風味，幾乎適用於任一種「無明顯瑕疵風味」的咖啡。

只不過金屬濾網容易殘留細粉與咖啡油脂，需要時刻保持乾淨與清潔。每次使用完畢後都要用中性清潔劑（洗碗精）和牙刷沖洗乾淨，每半個月泡一次小蘇打粉，徹底將死角部位的殘留物清潔乾淨。

根據上述濾芯材質的特性，想一想，今天好友帶來一包牙買加藍山咖啡，應該怎麼選擇濾芯呢？

我印象中的牙買加藍山有非常優雅、像樟樹或檀木這類高級木頭的香氣，以及適度的橘皮類水果的酸值與糖類的甜感。其中「高級木料的香氣」尤其特別，在市面上的咖啡裡並不常見，也很有特色，因此如何忠實呈現「高級木料的香氣」就成了我煮這支咖啡的重點。我會選擇金屬濾網、玻璃或是陶瓷濾芯，讓這支咖啡的風味能夠更直接地呈現出來。

如果選擇金屬濾網，製作咖啡的方式與一般虹吸咖啡萃取相同，但需要特別注意火源的控制，因為金屬濾網對於溫度的反應很直接，水在加熱升溫與關火降溫時得多多留意，利用金屬濾網直給的特性來表達這支咖啡獨特的高級木料香氣。

如果選擇玻璃或陶瓷濾芯，我會採用細研磨加溫柔攪拌的方式來萃取，期望將屬於高級木料的香氣萃取出來後，再加上厚實的咖啡風味與油脂感來增添咖啡整體質感，讓人喝下後意猶未盡、回味無窮。

順道一提，這兩種萃取方式都能萃取出很棒的風味，但也會有咖啡細粉的問題，端視是否介意。

六、火源

瓦斯爐、酒精燈與光爐，三種火源的使用有哪些差別呢？

• 瓦斯爐

瓦斯爐是直熱式火源，特點是加熱直接、反應快速、火力大小可直接調整，非常適合在需要調節火力大小時使用。

也因此，我煮淺焙、淺中焙的咖啡豆時喜歡使用瓦斯爐。在一開始煮時快速提高上壺溫度，中期後利用調節火力來控制合適的水溫，進一步表現我想要的咖啡風味。

也因為加熱直接、反應快速，使用瓦斯爐為火源時，上壺升溫容易過快，造成咖啡過萃的問題。想熟悉瓦斯爐的加熱反應，勤加練習是唯一方法。

• 酒精燈

酒精燈是介於瓦斯爐與光爐之間的溫柔火源。除了少數早期生產的酒精燈有能夠調整棉芯長短的設計，目前酒精燈的棉芯都是固定式。

酒精燈的優點是不論何種咖啡，最後都能煮成富有「虹吸味」的咖啡，且能利用「移火」來達到控制火力大小的目的。

雖然酒精燈的加熱反應沒有瓦斯爐來得直接快速，但我覺得它更能表達出屬於虹吸咖啡特有的厚實、飽滿風味。

●光爐

光爐使用的是輻射加熱，屬於間接加熱火源，也是三種火源裡加熱反應最和緩，加熱速度最慢的，所以操作時的「前置量」一定要先抓好。

光爐的控制一般都是使用電壓、電流，精準度與穩定性因此比較高。優點是使用時很容易複製出相同的火力曲線，進一步重現特定的咖啡風味。

此外，若在規定不能使用明火的建築物內（比如台北世貿中心、南港展覽館、松菸等），光爐往往是唯一熱源，有可能需要在展覽中煮虹吸咖啡的咖啡師，一定要熟悉光爐的操作。

我個人覺得使用光爐最需要注意的是避免「失溫」。因為用光爐煮虹吸咖啡時若遇到下壺「失溫」，幾乎是沒辦法救回來的。

上述三種火源各有其優缺點，並不存在「哪一種比較好」，三種加熱方式都有固定的擁護者。

若問我的使用習慣，我覺得瓦斯爐很適合淺焙到中焙的咖啡豆，因為淺焙的咖啡通常都帶有鮮明的風味，我喜歡用高溫將風味「炸」出來，直接的火力調整最適合我對淺焙到中焙咖啡的想法。

光爐的話，很適合中焙到深焙咖啡，溫和的火力調整相當適合用「燉」的方式萃取咖啡的風味，溫和不躁進的火源很好調整，也很容易複製出相同的溫度曲線。

雖然我不喜歡這樣說，但是光爐真的很適合連鎖體系業者制定SOP，以此複製各式各樣的咖啡風味，讓所有的門市製作出相同風味的咖啡飲品。從另一個角度看，或許也能讓更多人喜歡上虹吸咖啡。

酒精燈的話，其特性介於瓦斯爐與光爐之間，我認為是能夠完美詮釋所有咖啡焙度的熱源，也是唯一進可攻退可守的火源，更是許多老師傅堅持使用的加熱火源，甚至認定不是用酒精燈煮出來的虹吸咖啡就不是正統的虹吸咖啡。

這說法看似可笑，實際上卻有其意義。以歷史來看，早期的加熱器就是以酒精當作燃料，直到最近才開始有瓦斯爐和光爐等選項，依「正統」來看，酒精燈的確是最具正統性的熱源。

再來是火源特性。若跟瓦斯爐的「硬火」比，酒精燈屬於「軟火」，溫度操控上也多了些彈性空間；若跟光爐的「陰火」比，酒精燈屬於「明火」，在溫度提升的回饋上比較直接，操作上則多了視覺上的資訊判斷，能協助咖啡師使用時更得心應手。可謂陰陽調和、文武兼備的熱源。

不過，酒精燈還是有缺點，最令人詬病的就是安全性。使用中的酒精燈只要不慎打翻，火焰會隨打翻的酒精水到處漫延，非常危險，所以事前一定要備妥消防設備，以備不時之需。

目前我還不曾在煮虹吸咖啡途中變更火源。對我而言，沖煮時的很多操作都有目的性，善用固定的火源來萃取咖啡，比較能夠準確地表達出我想要的風味。也許某一天碰到某支豆子需要表現某種特別的風味時，我可能會在沖煮途中利用變更火源來達成我想要的風味也不一定！

七、有無「側風」

側風通常都在不可預料的情況下發生。在熟悉的環境煮虹吸咖啡時，我們多半不會特別考慮側風的問題，因為在孰悉場地煮咖啡時就已經排除了這個問題，到了其他陌生場地，自然容易因為習慣而自動忽略。

但無論是室內或戶外，我都曾經因為側風吃過虧。

側風發生時，通常是以下兩種情況：

情況一，下壺水還在加熱時，側風來了，下壺水無法加熱，水根本無法上升，甚至是水上升到一半又掉下來。

箇中原理其實很簡單——下壺失溫，水轉換成空氣的現象減緩（液體氣化現象），或是已轉換的高溫空氣降溫，體積收縮，導致空氣壓力不足將水擠壓到上壺。

情況二，上壺已經在萃取咖啡，側風來了，使得下壺加熱產生間斷，同時帶走下壺溫度讓下壺空氣收縮，此時「真空吸力」形成，並將上壺的咖啡液直接「拉」入下壺。

綜合以上，建議大家煮咖啡時先觀察環境，如果是室內，是否在風口下？附近有沒有運轉中的電風扇？也建議身邊隨時準備能夠保護火源穩定的器具，如立牌、擋板之類。

我每次參加展覽都會準備壓克力立牌，除了可以放入介紹資訊，一旦發生側風，就能移動立牌來保護火源，讓失溫的狀況不至於發生。

多多利用眼睛和鼻子

這幾年不論是虹吸或手沖，我發現很多人製作咖啡時都不懂得使用眼睛和鼻子。

也許是當初拜師學藝時傳承下來的經驗，也可能是自行透過影片學習的關係，大多數的人都將注意力擺在「數值」（泛指沖煮過程中所有器材的數值。包括了磨豆機的粗細，磅秤的重量變化、溫度計的溫度顯示變化、計時器的時間變化，以及沖煮用水的TDS、酸鹼值、鎂&鈣含量等），忽略了沖煮時咖啡與沖煮者之間的「對話」。

我覺得這樣沖煮咖啡不但錯失了咖啡最美好的一面，也無法體會沖煮咖啡時，與咖啡對話的樂趣。

先從「眼睛」說起。

由於資訊的發達，我們煮咖啡時太容易把注意力放在數字上，忽略了咖啡粉回饋給我們的訊息。

最常見的現象就是眼睛注視著計時器，秒數一到就依照設定用攪拌棒轉兩圈或三圈，下一個時間點到了再轉兩圈或三圈，最後時間到了關火，煮咖啡的流程結束。整個煮咖啡的過程中雙眼緊盯計時器，完全沒有看虹吸上壺的沖煮過程，可說是完全機械化的流程。

這種方式並沒有不對，但若想精進虹吸咖啡技術，就應該多多使用眼睛和鼻子，而不是一直停留在虹吸咖啡的入門操作。

「使用相同的操作方式，只會得到相同的沖煮結果」。

在整個虹吸咖啡的沖煮過程裡，注意時間只是眼睛的功能之一，更應留意的是過程裡咖啡粉的樣貌、狀態、咖啡粉層厚度的變化，以及每次攪拌時上壺水的流動樣貌，才會知道種種操作造成的萃取力度有多大。與此同時，再根據聞到的氣味判定萃取程度，抓出自己需要表達風味的甜蜜點。

就算這次煮出來的咖啡不如想像，但根據觀察而來的訊息，將明瞭下一次沖煮時應該如何修改，也許是攪拌力度的大小，也許攪拌的方式，也許是攪拌的時間長短。

眼睛別再只盯著計時器了！

再來說說鼻子。

首先，你喝咖啡前，會先聞聞咖啡的香氣嗎？

如果答案是肯定的，那煮咖啡的時候，為什麼不聞味道來確定萃取狀態呢？

如果答案是否定的，請從現在開始使用你的鼻子，你會聞到更多咖啡想告訴你的事。

我覺得，再也沒有任何訊息比用鼻子獲取到的風味訊息更直接、更完整、更準確了。

剛開始接觸咖啡時，我無法體會老一輩咖啡師傅說的「咖啡會跟你說話」，總覺得是老師傅自我抬轎，並不以為然。

但是開始用鼻子獲取訊息後，我發現，原來咖啡真的會在沖煮過程中傳達很多訊息，包含它現在的狀態、萃取的快慢、萃取的風味發展位置等。這些訊息除了用眼睛看咖啡沖煮時的樣貌外，最重要就是用鼻子來獲取風味訊息。

現在不論煮虹吸咖啡或手沖咖啡，我都會在每一個段落操作完畢時，利用「聞」攪拌棒的方式，或是單手放在上壺或濾杯正上方來導入大部分的香氣，透過鼻子獲取香氣訊息。這樣的方式不但能獲取大多數的香氣，鼻子和臉頰也不會在上壺和濾杯正上方，感覺更衛生。

也許有人會質疑，感覺聞到的味道都差不多？

那我必須很堅定地說，那是因為你聞到的樣本數不夠多。

當你聞的次數超過百次以上，你就會發現風味的差異；當你聞的次數超過千次以上，你就會發覺更細微的風味差異。而這對於每一次煮咖啡時，判斷其風味發展位置，非常有幫助。

另一方面，我也想再次強調，用眼睛和鼻子來獲取煮咖啡時的訊息是煮咖啡的手法之一，但並非唯一的方法，不是「不這麼做就煮不出一杯好咖啡」。

學習的過程也好，風味的判斷也好，多多利用眼睛和鼻子來協助，才是我想表達的重點。火力的調整、咖啡的沖煮操作，都可以藉由眼睛和鼻子得到的訊息來適當調整，想賦予咖啡更多的風味表達時，就能讓咖啡風味擁有更多的可能性。

我覺得能用眼睛和鼻子來判斷萃取、做出適當調整，是邁向咖啡大師必須要會的技能。

從現在起，每一個操作的段落都看一下上壺水的樣貌，看一下水的擾動與咖啡粉層變化；聞一下咖啡的風味，不論是聞取木棒或把手放在上壺正上方導入大部分的香氣，判斷咖啡風味的發展位置。多多累積經驗，就會發現更寬廣的咖啡世界。

7

虹吸操作細節探究

先插管？先投粉？上壺壺型與水流有關嗎？

關於插管與投粉

先插管或後插管？

先投粉或後投粉？

這恐怕是虹吸壺操作中最常被問的問題。

正式說明之前，我首先想再次強調：所有的做法都有它的目的性。請先確定自己為什麼這麼做？需要得到什麼結果？然後再執行。而不是盲目的隨意操作。如此隨興的話，絕對無法得到設想的沖煮結果。

接下來詳細說明先插管先投粉、先插管後投粉、後插管先投粉、後插管後投粉這四種操作。

先插管先投粉

在上下壺結合後，下壺持續加熱。此時下壺的水會緩慢移動到上壺，咖啡粉也接觸到水開始預浸。此時的水溫很低，我的經驗大約只有四十度左右，隨著時間，下壺的水將持續往上壺移動，水溫開始遞升。

若水量未達下壺水量二分之一就先攪拌，我的經驗是可以獲得比較緩和的前段風味，很適合用在風味過於鮮明的咖啡豆。

若等上壺的水超過下壺水量二分之一以後才攪拌，由於上壺的水量多了，水溫也高了，我感覺前段的風味表現會更豐富，層次也更鮮明。

若等下壺的水全部移動到上壺後才開始攪拌，因為咖啡在水裡浸泡的時間過長，咖啡前段的風味會比較弱。這樣的操作可以用來修飾前段過於豐富的風味（比如酸質），讓咖啡的酸甜比例更合理，飲用時更舒服。此時要特別注意水溫，因為持續加溫，上壺的水溫會比較高，請特別注意操作時的安全與下壺火力控制。

先插管後投粉

在上下壺結合後，下壺持續加熱。此時下壺的水會緩慢移動到上壺，隨著時間，下壺的水將持續往上壺移動，水溫也開始遞升。等到下壺的水全部移動到上壺時，此時的水溫在均質後的溫度約落在八十二~八十六度，並隨著持續的操作，上壺水溫將遞升到九十二度左右。操作時建議搭配數字型溫度計練習。

此時，便可依據你對咖啡風味的想法，在適合的時間點投入咖啡粉，利用水溫差異做出想要的風味。

先插管後投粉不但穩定性高，也很容易複製，我相當推薦。熟悉這個技巧後，很容易就能製作出專屬於你個人風格、風味、想法的咖啡。

後插管先投粉

在下壺持續加熱時，觀察下壺內突沸鏈上的氣泡大小，以決定插管時機。

突沸鏈上的泡泡會從鹽巴大小、砂糖大小、綠豆大小、紅豆大小，最後到黃豆大小。在不同的時機結合上壺，水上升的速度與水溫都不一樣。

● 在突沸鏈上的泡泡宛如鹽巴大時結合上下壺

此時的水會開始緩慢上升，水接觸到咖啡粉的溫度則很低，我的經驗是五十度左右開始遞增。同時下壺的水會花費較長的時間才全部移動到上壺。

我感覺這樣煮出來的咖啡風味層次明確，是很適合表現咖啡的風味層次的手法。

● 在突沸鏈上的泡泡宛如黃豆大時結合上下壺

此時的水會開始快速上升，水接觸到咖啡粉的溫度則很高，我的經驗是七十五度左右開始迅速遞增，同時下壺的水也會很快移動到上壺，操作時要特別留意安全。

我感覺這樣煮出來的咖啡前段風味表現得特別明顯、有個性，很適合前段風味有特色的咖啡豆，但也要注意整體咖啡的風味是否因此失去平衡，風味全都集中在前段，中、後段的風味反而空了。

其餘方式介於兩者之間，這裡不一一說明。建議有興趣的人分別操作看看，也喝一喝，找出最喜歡哪一種突沸鏈上泡泡大小煮出來的咖啡，並將它當成參考點，方便日後調整風味時有選擇方向。

後插管後投粉

在插管後，下壺的水會隨著持續的加熱開始往上壺移動。在下壺的水都移動到上壺後，均質水溫，接下來便可參考上壺水溫來投粉，製作咖啡。接下來的操作方式與「先插管後投粉」一樣，不再贅述。

我認為若是「後投粉」，不論先插管或後插管，操作細節與控制都相同，製作出來的咖啡風味特色也相同。而我之所以喜歡後投粉，是因為這樣製作出來的咖啡很穩定、能夠再次複製，非常適合初學者。

總結以上，我建議大家先用後投粉的方式來學習，喝得出其中的差別之後，再熟悉先投粉的兩種操作方式。那時你將無比驚訝地發現，只不過是先投粉，竟然能創造出如此具有個性的風味。

精準控制上壺水溫

虹吸咖啡的製作其實就是一連串溶解與擴散的操作，改變任何一個變因都會影響萃取結果。除了攪拌，水溫是另一個能夠直接明顯改變萃取的變因之一，所以一定要很清楚改變水溫將如何影響咖啡萃取。

對於虹吸咖啡萃取來說，溫度尤其具有顯著效果，不過早期根本沒人研究，也沒人想到可以應用相關手法調整咖啡風味。

針對上壺水溫，我會分成溫度調升、溫度持平、溫度調降這三個部分依序說明。

不過也請想一想，你為什麼需要改變上壺的溫度？你想控制的是咖啡風味的哪一個部分？在風味萃取上，你希望表達這支咖啡哪一段的風味或減少哪一段的風味釋出？

需要補充的是，下述操作不適用光爐。因為光爐的底座比較小，不建議透過「移火」調整火力，請利用光爐的火力大小旋鈕，參考說明書的指示操作。如果不清楚，就先將火源轉至中檔，再依照現況調整。

為便於了解，請先熟記——下壺的中心位置到下壺最邊緣可分成五等分，由內往外分別編號1、2、3、4、5，這些編號就是火源正對的位置。

另外，熟練以前，請多準備一個溫度計（最好是數字型；反應快）監視上壺的溫度，以便修

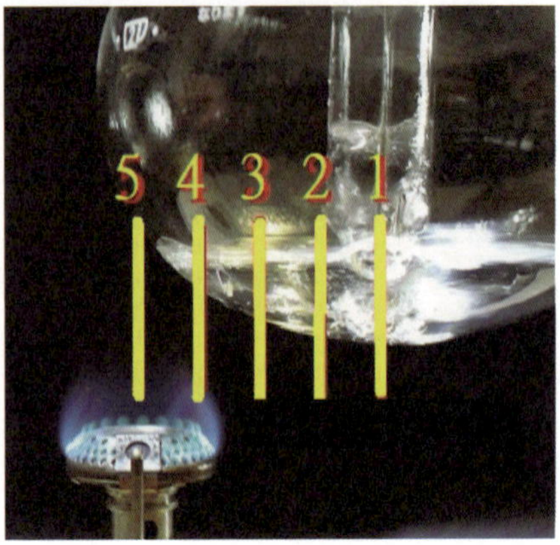

正火源操作。

更重要的是，練習時，周遭環境一定要穩定，室外、有風或有空調的環境都不適合，這些環境非常容易影響你的練習結果，請務必留意。

請在安全的情況下熟練上壺溫度的相關技巧，以萃取出更符合自己心意的風味。

溫度調升

操作虹吸壺時，下壺的水因受熱能加溫逐漸上升往上壺移動。此時下壺的火源若不做任何調整，上壺的溫度會開始遞增，直至沸騰。若是沸騰，上壺的水會到處噴濺，非常危險。

換個角度來說，上壺的水由低溫到高溫，表示咖啡的表現會著重在尾段的風味釋放。若控制得宜，某些尾段風味有著特殊表現的豆子，將有相當不錯的風味表現。

操作方法很簡單：結合上下壺並加熱，當下壺的水往上衝時，將火源調整到小火，並將火源移到3的位置，再移動火源往2（內）或往4（外）以調整熱能大小，進一步控制上壺水溫升高的速度。

為什麼不用瓦斯調節器直接調整火力大小呢？

因為根據我的經驗，使用瓦斯調節器直接調整火力大小容易造成火源不穩定，形成另一個不確定因素。經過多方嘗試，我覺得「移火控制」是火源控制穩定性最高的。

如果火源是酒精燈，將火源先移到3的位置後，再根據上壺溫度移動火源往2（內）或往4（外）以調整熱能大小，並利用上壺溫度計來觀察溫度上升的速率是否符合你的需要。

多練習幾次，就能調整出你

需要溫度上升的速率。熟練後，你可以在1和5的任一位置移動，以此調整自己需要的溫度上升速率。

由於每個人使用的瓦斯爐、酒精燈與下壺形式都不一樣，我的建議就是多試、多操作，培養你和你的器材之間的默契。

溫度持平

我覺得，溫度持平的控溫技巧是一位合格咖啡師最基本應該做到的。建議練習時自行設定三個溫度，例如八十五度、八十八度、九十一度，練習維持溫度的穩定。熟練之後，就可以根據不同的咖啡焙度或風味萃取，決定上壺的溫度。

● 使用瓦斯爐

在下壺加熱時，上壺以斜插管的方式來觀察突沸鏈的泡泡大小，當觀察到綠豆大小、紅豆大小、黃豆大小等不同泡泡的顆粒大小時結合上下壺，下壺的水溫衝到上壺時的溫度也不相同，請都嘗試看看。

當下壺的水開始往上衝時，將瓦斯調節至小火的位置。

當下壺的水往上衝到一半時，先將火源移動到邊緣火的位置，然後觀察上壺的溫度計以維持水溫，升、降溫則用移火的方式調整（約是2或3）。

我並不建議用瓦斯調節器來調整火力大小，因為煮虹吸咖啡的操作時間有限，很難做到精細的火源控制。我的經驗是直接利用移火來調整火力比較精準、方便。

多練習幾次就能掌握竅門，控制上壺溫度便不再是難事。

● 使用酒精燈

在下壺加熱時，上壺以斜插管的方式來觀察突沸鏈上的泡泡大小，當觀察到泡泡呈現綠豆大小、紅豆大小、黃豆大小等不同泡泡顆粒大小時結合上下壺，水溫在上壺的溫度都不一樣，請都試一試。

當下壺的水開始往上衝時，將酒精燈移至邊緣火的位置（約是2或3），並觀察上壺的溫度計以維持水溫，後續的升降溫則利用移火來調整。

要特別小心的是，移動酒精燈的動作別太大，酒精燈內的酒精也不要添太滿，避免移動時酒精從縫隙灑出，引發危險。

溫度調降

在前段正常萃取後，再來調降上壺溫度，接著做最後一次或兩次的攪拌並結束咖啡萃取，這樣的咖啡能夠有效地降低尾段風味（減少尾段苦、澀的風味釋出），讓咖啡喝起來尾韻優雅綿長。

我常用的技巧有兩種。

第一種是在上壺添加冷水。在煮虹吸咖啡前，先把預備添加的水預留起來。

舉例來說，如果要煮總量為三百六十毫升的水，預計將添加一百二十毫升的水，那下壺在準備時只能先加兩百四十毫升的水，這樣後段在操作上壺加水降溫後的總量才會到三百六十毫升。

根據我的經驗，上壺添加的水最少要超過五十毫升以上才會有顯著的降溫效果。

添加的水建議先用室溫水練習，日後有需要甚至可用冰水，降溫效果更好。

第二種是在上壺外側包溼布。

想降低上壺溫度時，可用微溼（不可滴水）的布包住上壺外側，以此降低上壺的溫度。溼布面積愈大效果愈好。

溼布法的溫度降幅不會很大，速度也比較緩慢，很適合將咖啡尾段製作出較溫和的風味表現。

上壺型與水流的關係

上壺的壺型除了外觀造型設計不一樣，還關係著上壺的水流形式。

目前常見的上壺壺型有圓柱狀、圓筒狀、宛如花朵般薊形等，相同的攪拌棒在不同形狀的上壺內攪動時，自然會產生不一樣的擾流，但早年煮虹吸咖啡時向來忽略了此一差異。

如果你手上有兩種（甚至更多）不一樣形式的虹吸壺，可以分別裝好過濾器，把水加滿到三分之二，再加一點咖啡粉來攪動看看，同時仔細觀察咖啡粉的流動狀況。你會發現，不一樣的壺型，水流動的路線不同，而這些細微的差距，正是造成不同壺型萃取出不同咖啡風味的關鍵。

以前我學咖啡時，老師傅曾說「圓柱狀上壺煮出來的咖啡比

TCA 系列虹吸壺

較酸；桶狀上壺煮出來的咖啡比較苦」。

當時我視其為都市傳說，現在仔細想一想，確實有道理。因為使用繞圈攪拌法時，在圓柱狀上壺的繞圈速度通常會快一些，其水流擾動自然比桶狀上壺快一些，也造就了不同的結果。

另一方面，我想再次強調，相同的壺型並非對應任何人都會有一樣的結果，因為每個人的攪拌手法和形式都不一樣。

了解更多攪動時的水流變化，將更能掌握咖啡萃取後的風味。咖啡大師們之所以能夠從容面對各種狀況，無非就是擁有厚實的理論基礎，再加上仔細觀察與累積經驗的結果。

下一次拿到不一樣形式的虹吸咖啡壺時，除了欣賞它的美麗設計，也請多多留意上壺的樣式。

MCA 系列虹吸壺

認識你的「攪拌擾流」

早年煮虹吸咖啡時，拿攪拌棒攪拌上壺的咖啡比較像是儀式的一部分，並不特別注意攪拌時的細節，遑論了解攪拌棒的攪拌方式、槳面大小和攪拌棒材質之間的差異會如何影響咖啡的萃取。

這些年研究虹吸咖啡的製作後我發現，以前煮虹吸咖啡一直將注意力放在時間和溫度，反而忽略了最直接影響萃取的攪拌——嚴格來說是「水的擾流」。

事實上，槳面入水深度與移動方式都會直接影響咖啡擾流，攪拌的槳面與移動方式不一樣，萃取出的風味強度自然不同。而槳面大小與造型不同，攪拌時同樣會造成水流方式不一樣，將影響風味萃取，也就是咖啡的溶解。

而一旦認清了水的擾流會造成多大的萃取差異，多年來困擾我的「如何重現相同風味的虹吸咖啡」也獲得了解答。

這裡分享的很多觀點我敢說很多是從沒被想過，也沒做過的，但確實是造成虹吸咖啡萃取差異的主要原因。我衷心希望這些箇中奧妙能幫助大家打通虹吸咖啡萃取的另一條任督二脈（第一條是溫度控制），讓大家功力大增。

為什麼相同手法，你煮的和我煮的咖啡風味就是有差別？

因為我們忽略了基本中的基

本——每個人在煮虹吸咖啡時，經由攪拌棒所造成的水流擾動不一樣。

我們向來把重點放在看得見的時間和溫度上，總認為這兩個因素會控制絕大部分的風味。雖然無法否認這兩個因素確實會造成風味的差異，尤其是溫度，但正如五十三頁「三個重點變因」一解釋過的，對溶解影響最大的是攪拌，所以更應該注意攪拌所造成的水流變化，那才是每次煮虹吸咖啡時影響風味萃取的主因。

而我想分享的是，千萬不要試圖拷貝別人的操作方式，試圖做出相同風味的咖啡，因為根本做不來，要做的應該是「認識自己的攪拌、擾流」。

請記下自己的攪拌、擾流變化，接下來的調整才會對你的虹吸咖啡風味有意義。多多認識自己的手法，才能創作出屬於自己的風味。

拿一把透明的分享壺，或是把虹吸壺上下結合後加入三分之二的水（要安裝濾芯），加入約莫一茶匙的咖啡渣，用你最喜歡的方式攪拌看看，仔細觀察咖啡渣在水裡流動的方式。請觀察攪拌棒插深一點或插淺一點，攪拌時有什麼差別？畫圓攪拌呢？畫8字攪拌呢？平常煮咖啡時看不出來的水流變化，此時一覽無遺。

請朋友或家人也用相同的方式攪拌看看，你會發現每個人攪拌出來的水流都不太一樣。

煮咖啡沒有玄學，只有科學。

所有的創作都建立在科學基礎上，沒有厚實的基底，蓋不出高樓。

攪拌棒學問大

「工欲善其事，必先利其器」，攪拌棒是手的延伸，在我的認定是僅次於虹吸壺的器材。

攪拌棒有很多不同的材質，槳面也有不同的造型，這些不同是影響攪拌手感的主因。

市面上能買到的虹吸壺攪拌棒宛如天上繁星，從一把十元到兩千以上都有，非常多樣。但攪拌棒並非愈貴愈好用，建議多多了解材質、軟硬、槳面，然後再考慮自己煮虹吸壺時的攪拌方式

所產生的水流擾動變化，如此選購的攪拌棒才真正有價值、有幫助，而非徒增高昂咖啡器材。

不過不得不承認，昂貴的攪拌棒乍看似乎與萃取沒關係，實際使用確實會左右心情，所以肯定會影響萃取出來的風味。

此外，我也希望大家可以利用簡單的加工方法製作自己的攪拌棒。根據自己的使用習慣、手感與偏好，製作出一支獨一無二，只屬於自己的攪拌棒。

關於槳面

多數人的家裡應該都有超過三把以上的刀子，比如菜刀、水果刀、剁刀，處理食材需要使用不同的刀具，為什麼萃取虹吸咖啡只用一支攪拌棒呢？

市售的攪拌棒有好幾種形式，槳面有長的、短的、寬的、細的、扁的、瘦的，每款設計都不太一樣，也造成了各種差異。

槳面既然是唯一影響咖啡液擾動的器材，槳面的形狀將直接影響水流的擾動。

槳面大的可以造成大範圍的水流擾動，槳面小的能在小範圍造成有效的水流擾動，長形槳面可以將擾動由水面直達壺底。若槳面設計較短的，則可以針對想擾動的深度範圍做攪拌，好比將槳面伸至壺底，只針對壺底攪動，盡量讓水面保持穩定（有些淺焙的豆子在第一次攪拌後容易下沉到壺底，這樣做能讓壺底的咖啡粉有效擾動，增加萃取）。

事不宜遲，拿出攪拌棒，攪動看看！

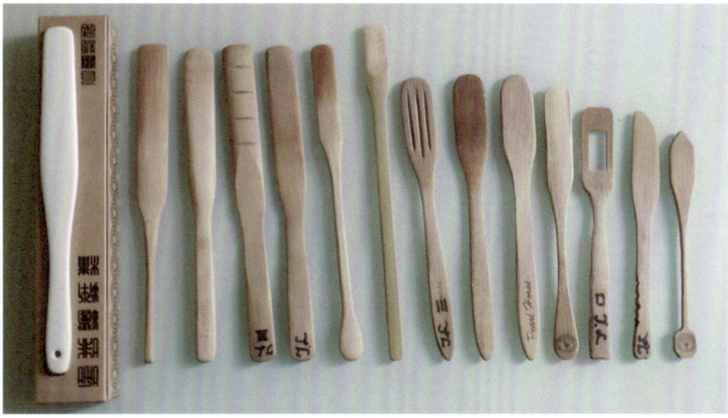

攪拌棒的材質

老實說，對於剛入門的初學者而言，攪拌棒的材質對於煮虹吸咖啡的影響並不大。

因為初學者的攪拌與水溫掌控穩定度不高，攪拌棒材質的影響也就沒那麼關鍵。我認為這也是早年沒有人討論攪拌棒材質的主因。

然而，如果想進一步學習虹吸咖啡，一定要知道不同材質會造成的風味差異。

常見的攪拌棒材質是竹子，另外還有木頭、玻璃、陶瓷、不鏽鋼與PP材質（聚丙烯Polypropylene，耐熱溫度一二〇度C）。

● 竹子

竹子是目前市場上最多的材質，特性是便宜、好取得、好操作、好加工。

許多有歷史的老店吧檯常有超過二、三十年以上的竹製攪拌棒。其實只要通風良好，竹製攪拌棒纖維間的間隙能讓水分自然排出，經常使用的攪拌棒反而比較不會發霉。

然而，若因環境溼度過高，或是使用完畢沒有清潔、通風，讓水分殘留在攪拌棒，很容易讓攪拌棒發霉。老一輩的吧檯師傅都會將使用完畢的攪拌棒先泡進水杯裡，等晚上閉店打烊時再拿出來清洗晾乾。請養成良好的清潔習慣。

新取得的竹製攪拌棒需要先用熱水加醋煮沸過，以此減低發霉機會。

● 木頭

大部分的木製攪拌棒都經過良好修飾，有著優雅的身形與光

亮的漆面，觸摸時能感覺到不一樣的觸感，這也絕對是煮虹吸咖啡時最美好的事情。

使用不同的木頭，展示出來的紋路也不相同，所以不可能有一模一樣的攪拌棒。我覺得這是木製攪拌棒最迷人之處。

由於製作精良，工時較長，相當考驗木工師傅的手藝，木製攪拌棒的價格並不親民，但非常值得擁有一支玩味。

真要嚴格深究木頭攪拌棒對於煮虹吸咖啡的直接影響，我覺得無非是製作咖啡時擁有的好心情。心情好，煮出來的咖啡自然好喝！

玻璃

玻璃材質的攪拌棒非常少見，我知道只有少數玻璃師傅有少量製作，市面流通的並不多。

玻璃的高度透光，美麗又獨特的視覺感受，讓煮咖啡將成為某種「優雅的品味」。堅硬又容易破裂的特性則讓它成了「可遠觀而不可褻玩」的逸品之一。

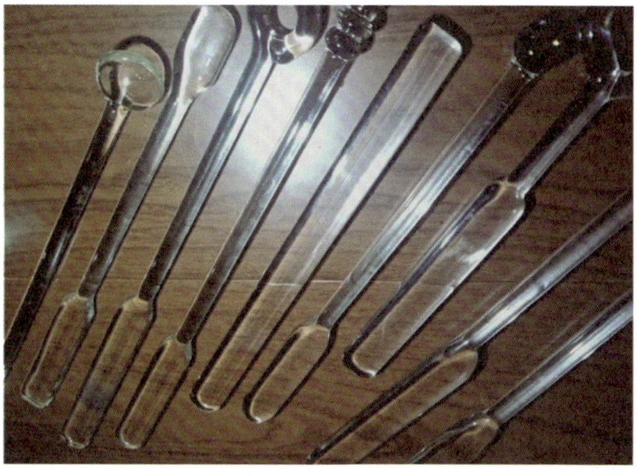

陶瓷

相對於玻璃攪拌棒的高冷感，我覺得陶瓷攪拌棒觸摸起來更有溫度。

特性是容易清潔、方便聞香，同時又不像玻璃容易因為敲擊而破裂。

厚實的重量感，攪拌力道直接，煮虹吸咖啡時完全是另一種不一樣的感覺。

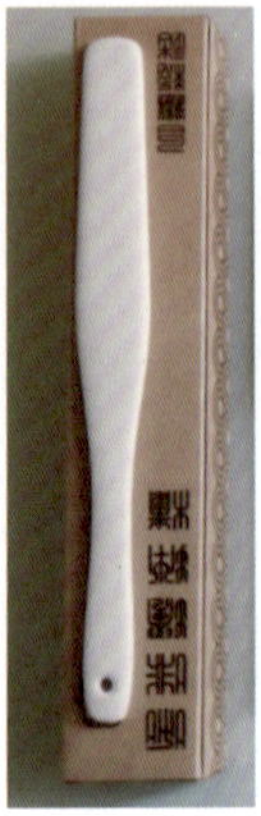

不鏽鋼

特別想介紹不鏽鋼攪拌棒，是因為二〇一八年的世界虹吸大賽台灣選拔賽裡，有選手使用不鏽鋼攪拌棒，先浸泡在液態氮中降溫後再攪拌咖啡，利用不鏽鋼的熱傳導特性，成功地將上壺水溫降至七十八℃來控制尾段風味，讓我大開眼界！

PP材質

買虹吸咖啡壺時多半會附贈的那把咖啡量匙，很多都是PP材質，一端可以測量咖啡豆的份量，而扁扁圓圓的另一端就是攪拌用的。雖然談不上好用，拿來應急倒是很不錯的選擇。

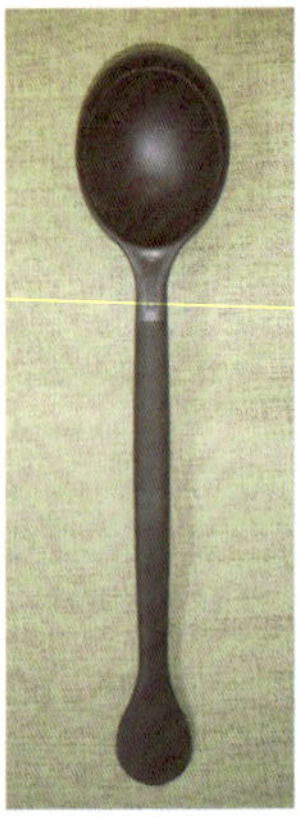

攪拌棒的彈性

「攪拌棒是手的延伸」，這向來是我認為煮虹吸咖啡時最重要的觸感之一。

正因如此，我相當重視在攪動時來自攪拌棒的回饋。

除了竹子以外，其他材質的攪拌棒往往太硬，讓整個力的傳導在攪拌時非常直接，回饋的手感也幾乎沒有緩衝。

這沒有不好，但過於直接的手感總讓我覺得少了那麼點從容。

虹吸咖啡的沖煮其實有很多手法，操作時我都希望能有些彈性，不會因為攪拌棒的力量太過直接就傳遞出去而完全沒有緩衝，讓整個過程太生硬。

當然，竹製攪拌棒並非買來就有彈性，得靠自己加工。只要用美工刀和砂紙，根據自己喜好和使用習慣，很輕易就能加工一支自己喜歡、符合手感的攪拌棒。

不過，並非擁有一支有彈性的攪拌棒才正確，使用其他材質的攪拌棒就煮不出好咖啡。我的意思是，我煮虹吸咖啡的習慣是喜歡有彈性的攪拌棒，覺得用起來更遊刃有餘。

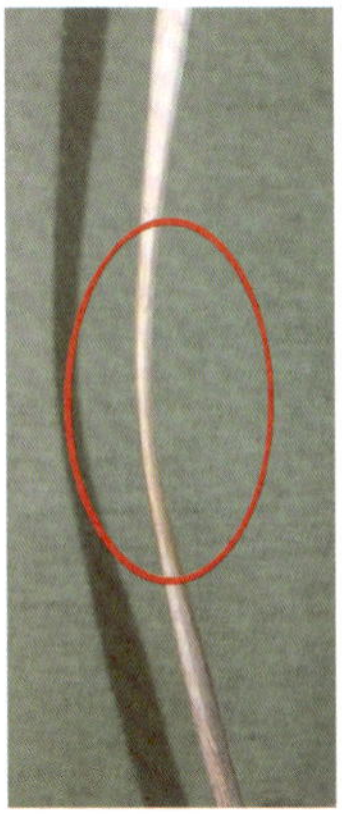

少見的攪拌棒

有些攪拌棒是為了符合某些特殊需求而製作。

● 圓棒

圓棒是針對特殊手法使用的攪拌棒。

虹吸咖啡技法裡有一種稱為「轉」的技巧，也就是利用拇指和食指夾住攪拌棒並不斷地前後移動，讓攪拌棒不停地正反轉，進一步達到擾動水流的效果。感覺就像是洗衣機洗衣槽裡的轉盤。要使用這種技巧，攪拌棒的把手必須是圓的（圓柱狀），所以稱之為圓棒。

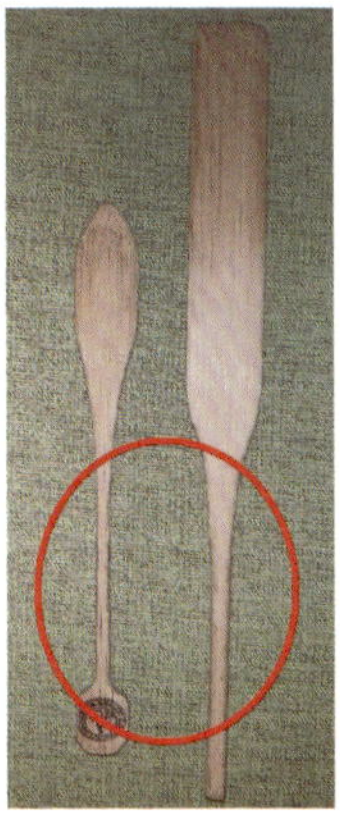

● 槳面空心棒

槳面空心的設計是希望能在攪動咖啡粉時不要讓水有過多的擾動。通常用於前段有強烈風味的咖啡，目的是為了緩和前段風味的萃取，讓前段風味優雅。

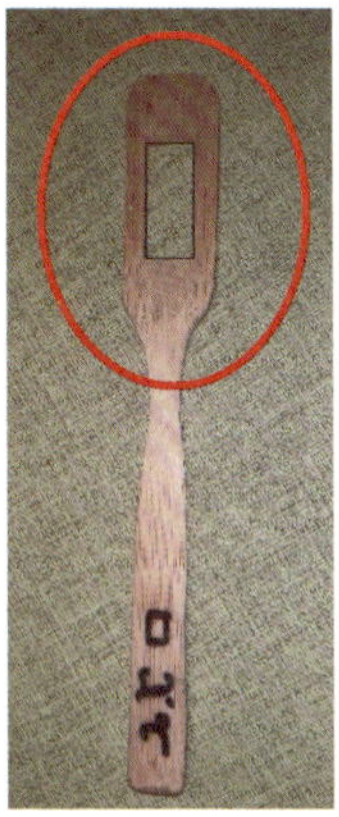

● 像刀片的攪拌棒

煮虹吸咖啡技巧裡有一種叫「撇」。利用拇指下方的肉墊靠在上壺邊緣，用食指和中指夾住攪拌棒並將攪拌棒滑動四分之一圓（九十度），藉此擠壓咖啡粉，同時製造溫和的攪拌水流，所以槳面並不需要太大。槳面看起來像刀狀，是我滿喜歡的一支攪拌棒。

● 有溝槽的攪拌棒（直＋橫）槳面攪拌棒（壓撇用）

虹吸咖啡有種叫「搓」的技巧，需要利用攪拌棒上的凹痕來「抓住」咖啡粉，並且利用上下或左右移動的方式，將咖啡粉裡的物質用搓的方式強制萃取出來，是一種很暴力的萃取方式。

「直溝槽」用於槳面較小的攪拌棒，當咖啡粉還浮在水面上層時使用。

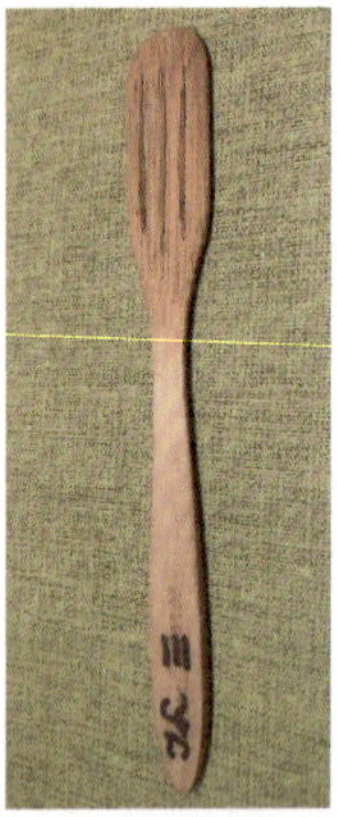

「橫溝槽」用於槳面較長的攪拌棒，當咖啡粉沉入壺底時使用。

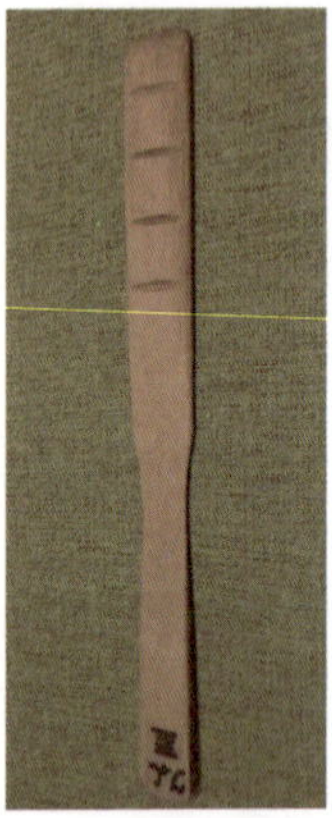

製作自己的攪拌棒

花點時間製作一支屬於自己的攪拌棒，我保證絕對是一件非常美好的事。

剛開始跟朱明德老師學習虹吸咖啡時，老師的吧檯上有琳瑯滿目、各式不同種類的攪拌棒。每支攪拌棒的槳面、形狀、大小、長短，以及槳面和把手銜接的「頸部」軟硬、彈性，統統不一樣，都有各自的獨特手感。

隨著課程的進行，我漸漸感受到攪拌過程中攪拌棒回饋給手的感覺，的確會影響煮咖啡時攪動的手感。

從剛開始只使用一根攪拌棒，現在會根據想表達的風味特色選擇合適的攪拌棒。那就像手沖咖啡時會選擇合適的手沖壺來協助咖啡風味的釋放，箇中差異，使用器具時就能確切體會。

由於竹製攪拌棒除了方便、加工最容易，也是所有材質中唯一有彈性的，這裡使用竹製攪拌棒示範如何加工。

❶準備器材：市售竹製攪拌棒、美工刀（建議大的）、600號的細砂紙、棉質工作手套。

❷製作時，使用美工刀時由內往外施力，比較不會受傷。修改時會有很多細小尖刺，建議戴上棉質工作手套保護。

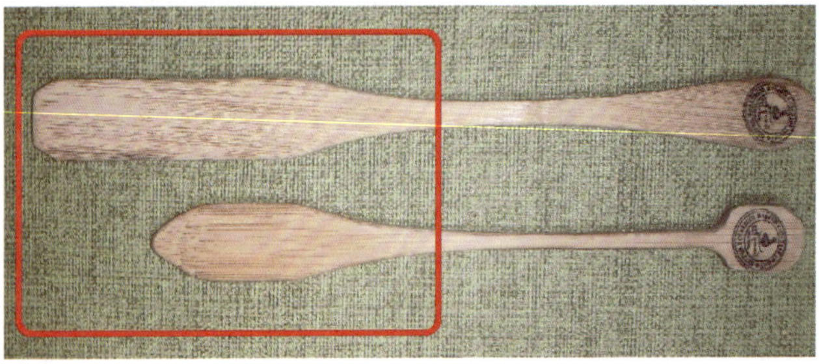

❸建議加工重點：

◆修改槳面大小。槳面大小關係著水流擾動作用面積的大小。

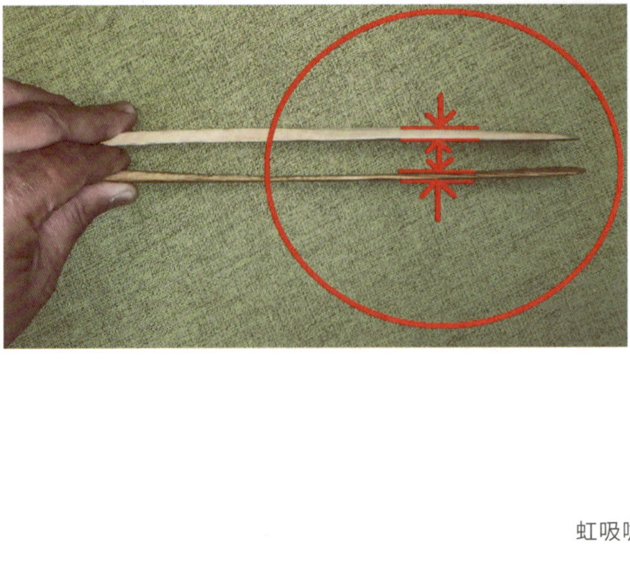

◆修改槳面厚薄。太厚的槳面攪拌時感覺很笨重、不靈活。修薄槳面後，擾動時會發現移動速度變快、也輕鬆很多。

◆修改槳面和把手間的「頸部」。這關係著槳面的彈性與手感回饋，修改時務必小心、多次施工，每做完一個段落就下水攪拌看看，試試手感。千萬別修過頭，攪拌棒的頸部太脆弱的話，很容易在攪拌時斷裂。

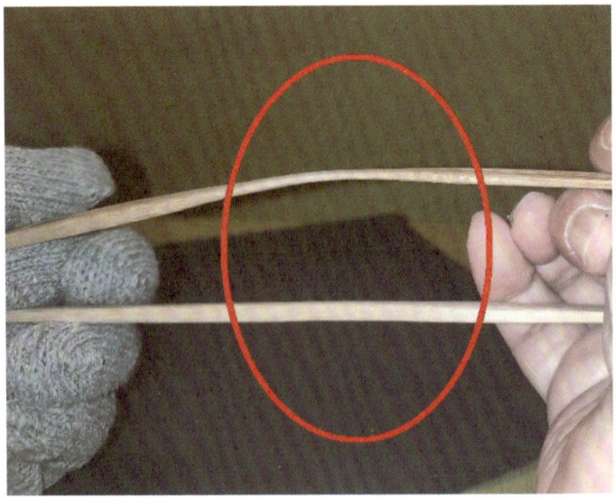

◆修改把手。也就是手握的地方，建議大家嘗試修改看看，製作出更貼近手部操作的握姿。

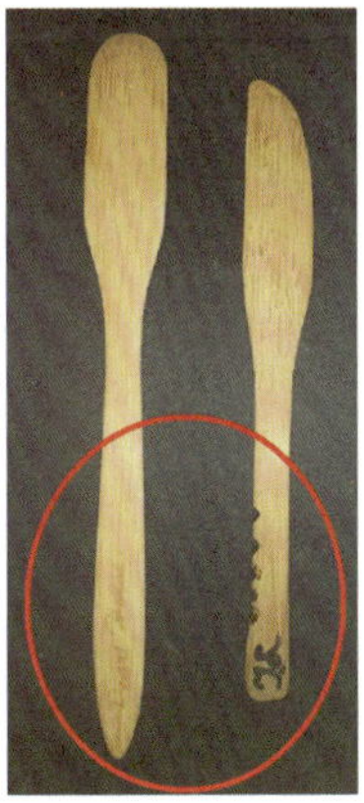

❹最後用600號的細砂紙打磨表面，讓攪拌棒更光滑。

製作一支自己的攪拌棒大約只需花費十到二十分鐘，實際煮虹吸咖啡時，整個感覺卻提升很多，也會發現自己攪拌時還可以加強或修正的部分。

擁有第一支屬於自己的虹吸攪拌棒後，每一次煮虹吸咖啡的過程中，你都會發現攪拌棒將提供更多輔助，讓你實現風味萃取上的想法。

一位有想法的咖啡師，身邊往往有四、五支不同形式的攪拌棒，以配合每一支不同的咖啡，或是針對想表達的風味來使用合適的攪拌棒。

趕快製作一支屬於自己的虹吸攪拌棒吧！

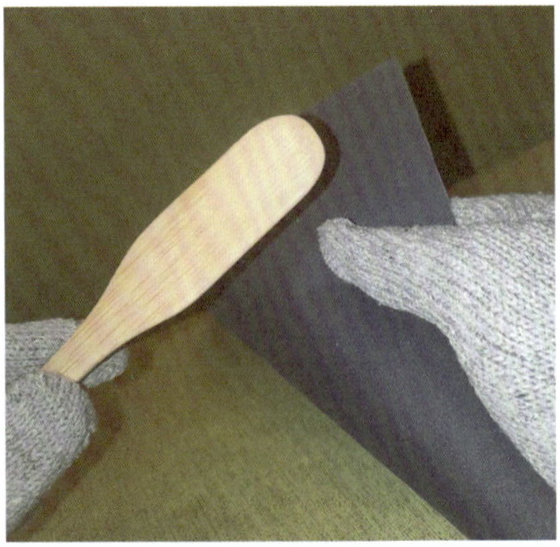

8 關於咖啡豆

我向來認為，一位好的咖啡師一定要了解咖啡豆是怎麼來的，經過了什麼樣子的加工、處理和烘焙。每一顆咖啡豆獨一無二的特色都是因為上述過程堆疊而成，每一個階段的加工都會造成不同的改變，讓咖啡豆擁有不一樣的「質」。

了解咖啡豆「質」的特性，並利用這些特性合理的發揮風味特色，用自己煮咖啡的技術知識發揮其優點，巧妙隱藏其缺點，我相信這才稱得上一位合格的咖啡師。

咖啡帶與種植高度

首先是咖啡生豆的種植高度。

基本上，海拔愈高的豆子，由於環境溫度較低，生長緩慢，咖啡的風味也會比較豐富有層次，道理一如高山蔬菜比平地種植的蔬菜來得甜，因此很多精品咖啡都會強調種植的海拔高度資訊。

咖啡產區主要在南、北迴歸線之間，兩條線所包含的範圍統稱「咖啡帶」。

世界咖啡的主要產區有：

- 亞洲：台灣、印尼、印度、越南
- 非洲：衣索比亞、葉門、肯亞、辛巴威、馬拉威
- 中美洲：巴拿馬、宏都拉斯、薩爾瓦多、尼加拉瓜、瓜地馬拉、哥斯大黎加、墨西哥
- 南美洲：巴西、哥倫比亞、祕魯、厄瓜多爾
- 大洋洲：夏威夷、澳洲、新幾內亞
- 加勒比海：牙買加、波多黎各、多明尼加
- 聖海倫娜

每個產區種植出來的咖啡都有屬於該地區的獨特風味，其特色在水洗處理法的咖啡豆上尤其

明顯。

然而，精品咖啡的崛起再加上種植技術的不斷突破，我認為有很多屬於該地區的風味如今愈來愈不明顯。尤其近年流行特殊處理後製法，讓咖啡豆的風味更繽紛多元，卻也讓產地風味不再鮮明。

正因為我覺得產地已經不是造成咖啡風味差異的關鍵，這裡不再花篇幅介紹產地風味，接下來想分享的是日新月異的「咖啡豆的後製處理」，如何創造出了以前從不會有的嶄新風味，比如日曬、水洗、蜜處理，以及最夯的厭氧處理法。

生豆的處理後製

咖啡漿果成熟並由樹上採摘後，首先會丟入水槽，讓品質差的（如發育不全、壞的）果實、樹枝與雜物浮在水面上，將它們撈起丟棄後，再將篩選過的咖啡漿果收集起來，進行下一階段的後製處理。

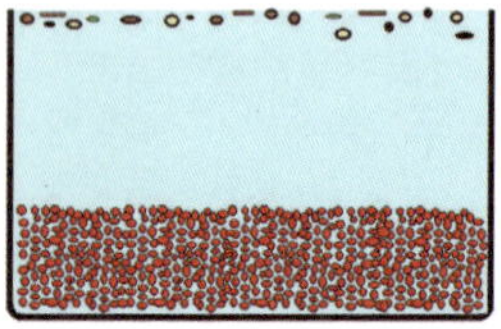

早期的後製處理有水洗、日曬、蜜處理和溼刨法。

水洗處理法

將咖啡漿果泡在水池裡，依照當地環境條件控制浸泡發酵，去除咖啡漿果的果皮與果膠後，再經過乾燥程序，將水分含量降到十二~十三%以下，就可以包裝出貨。

水洗的豆子風味乾淨、清楚、明確，質地也較堅硬，外表乾淨整潔，聞起來有清新乾淨的香氣，賣相非常漂亮。大部分風味較優質的咖啡都會使用水洗處理法來突顯咖啡本身的優質風味。

不過，水洗處理法的缺點是過程耗費水源，作業後的廢水也會污染河川。水槽浸泡咖啡漿果的水也很容易因為不乾淨或是水受到污染，造成咖啡後製處理的缺失。

日曬處理法

平鋪咖啡漿果，用曬太陽的方式使其乾燥，待外表都乾燥後去除外殼，包裝出貨。

長時間的日曬（依日照情況約十到二十天，甚至更久）能讓咖啡果膠的甜味滲入咖啡豆裡，同時也多了一些咖啡漿果發酵的風味，層次豐富，風味厚實。

缺點是日曬過程中未必每天都有充足的日照。咖啡豆在溼潤的情況下容易滋生黴菌造成污染；或是因為工人幫咖啡豆翻面時不均勻，造成日曬品質不良。此外，大多數的日曬場地都是地面，咖啡豆很容易夾雜樹枝或小石子等雜物。

近年很多莊園開始使用棚架式日曬處理，輔以更科學化的數值控制管理，讓咖啡的乾燥過程不再只是靠老天保佑。目前市場有眾多高品質的日曬咖啡，風味上已展現出另一種新的層次高度。

蜜處理法

介於日曬與水洗處理法之間的咖啡豆處理方法。

咖啡豆會先經過機器去除外皮後，再利用日曬來乾燥。由於咖啡豆缺少表皮保護，乾燥速度會比日曬豆還快（約十到十八天），同時也有像日曬豆一樣的甜味與發酵的風味，層次豐富，風味厚實。處理過程並不需要消耗大量的水，又能減少日曬乾燥

蠻牛莊園的水洗、日曬與蜜處理生豆

的時間，是一種很受歡迎的產地後製處理手法。

蜜處理法的缺點和日曬一樣，過程中很容易受到黴菌感染，加上果膠的黏性很強，處理時需要花費更多的人力與精力。

值得補充的是，咖啡農為咖啡豆去除表皮時，會藉由調整機器的間隙來控制殘留在咖啡豆上的果膠量。果膠殘留多，曬乾的咖啡豆顏色深，偏黑色，稱為「黑蜜處理」；果膠殘留少，曬乾的咖啡豆顏色淺，偏黃色，稱為「黃蜜處理」；果膠殘留中等，介於兩者之間，曬乾的咖啡豆顏色將偏紅色，稱為「紅蜜處理」。

溼刨法

印尼因為天氣午後多雨，咖啡豆會先發酵後，短暫晾乾到三十%左右就先除去咖啡種殼，進行乾燥。咖啡豆因為失去了種殼的保護容易染上雜味，加上脫殼時咖啡種子水分高、質地軟，很容易造成咖啡豆的外觀受傷。

近年印尼很多處理廠都引進了新式的後製處理設備，讓咖啡豆的乾燥效果更好、風味更清楚乾淨。多年前我還喝過有漂亮草莓味的印尼咖啡，令人難忘。

近年比較引人注目的後製處理有厭氧發酵處理、有氧處理、酵素處理、過桶處理。

厭氧發酵處理法

又稱二氧化碳浸漬法、紅酒處理法，是將咖啡漿果放入密封的桶內，利用抽真空或灌入二氧化碳的方式製造缺氧環境，讓厭氧的菌種如乳酸菌或酵母菌進行轉化，並利用溫度、時間、甜度、酸度、酸鹼值等數值，控制轉化過程，讓咖啡營造出更豐富的水果韻味與咖啡厚實感。

厭氧發酵處理法能讓低海拔的咖啡產生如同高海拔咖啡的風味。二〇一五年來自澳洲的沙夏（Sasa Sestic）在世界咖啡師大賽奪冠後，世界開始注意到這種早年用於葡萄酒釀造的技巧。

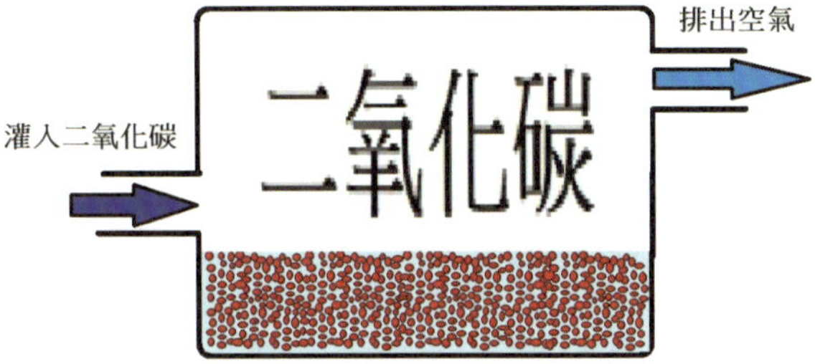

有氧處理法

同樣是控制不同的菌種在不同的氧濃度環境下的轉化過程，讓咖啡產生另一種不一樣的咖啡風味。

酵素處理法

將咖啡漿果放入容器中，加入酵素幫助發酵，增添咖啡風味。

早期的添加以擁有豐富酵素的水果為主，如草莓、鳳梨、葡萄、木瓜等，近年酵素種類開始多樣化，風味變化更豐富。

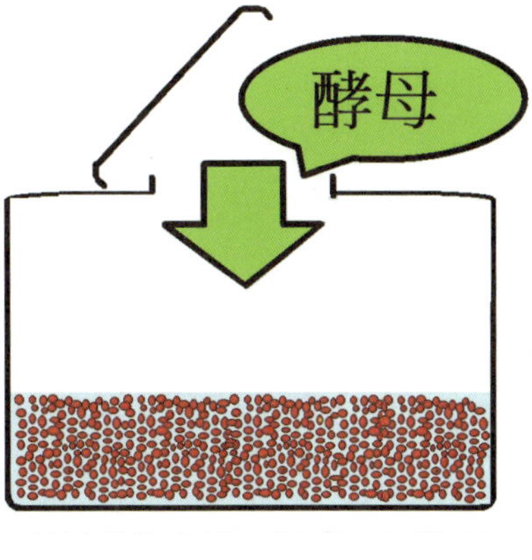

過桶處理法

將咖啡漿果放入釀過酒的木桶中進行發酵，比如威士忌酒桶或葡萄酒桶，讓咖啡漿果在浸漬過程中自然產生釀造酒的風味。

過桶處理的咖啡風味強烈獨特，我個人不喜歡單獨飲用，倒

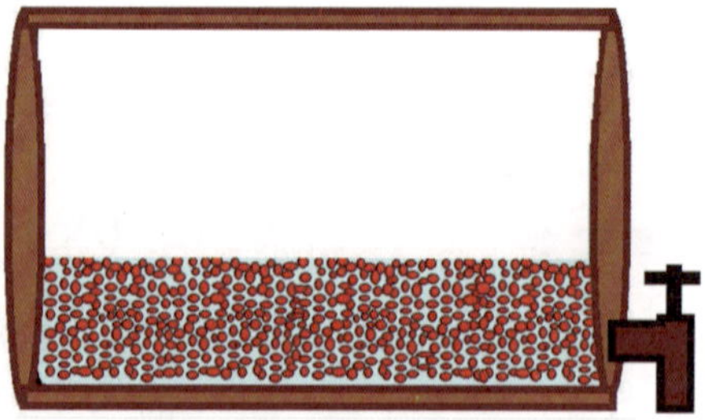

是常常拿來做冰咖啡或配豆，風味絕佳，令人驚豔！

除了上述，其實還有很多種新式的後製處理，也有很多的處理廠針對這方面深入研究，甚至在處理過程中將不同比例的處理法混合使用，又或者搭配添加酵素以豐富咖啡風味，讓低海拔的咖啡有更多更豐富的風味，飲用者品嘗到更繽紛的水果風味、甜感與堅果香氣。我不能說這樣的咖啡已經走火入魔，但確實讓咖啡屬於該地區的專屬風味因此而消失。

最近，市面上甚至出現「香料咖啡」，也就是讓咖啡浸泡在含有香料的溶液中，藉此添加風味。這樣的做法比起控制咖啡發酵更簡單、更省時，缺點是風味呆板、沒變化，風味層次單一、容易膩口。

咖啡豆烘焙基本概念

咖啡生豆，經過加熱開始進入烘焙程序。

首先，生豆會因為加熱，而讓生豆「細胞外」的水開始蒸發，也就是我們常說的「脫水期」。此時產生的煙霧以水蒸氣為主，同時散發出近似青草的味道。

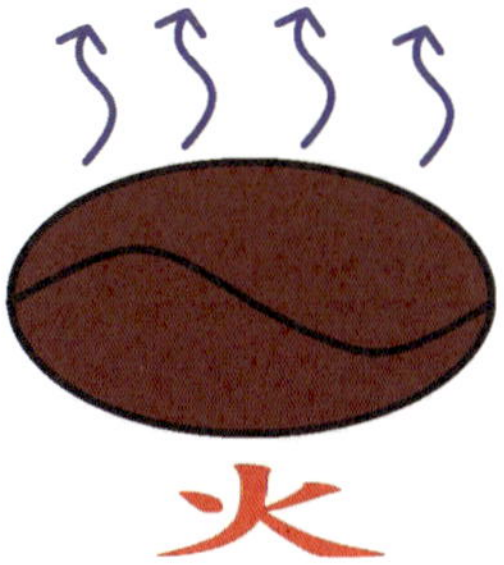

隨著脫水現象的持續，熱量不斷增加並進入生豆，溫度持續上升超過攝氏一百四十度，咖啡豆的梅納反應也開始產生劇烈變化。生豆中的還原糖（碳水化合物）與胺基酸／蛋白質在加熱時將發生一系列複雜反應，其結果是生成了棕黑色的大分子物質類黑精或稱擬黑素。咖啡的風味由此成型，同時散發出像是烤麵包或炒花生般的香氣。

烘豆師得在梅納發展期間決定這支咖啡的風味方向。

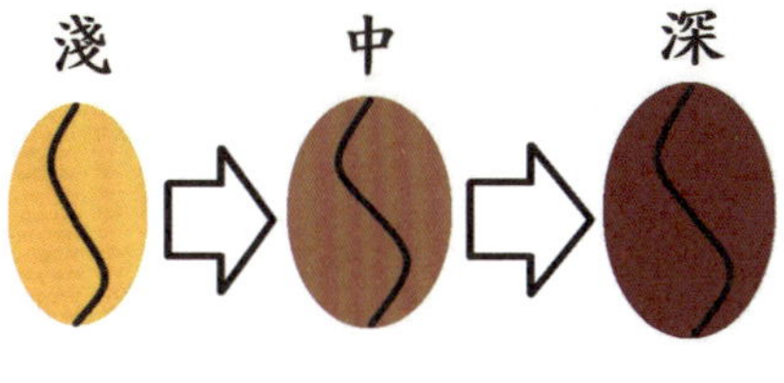

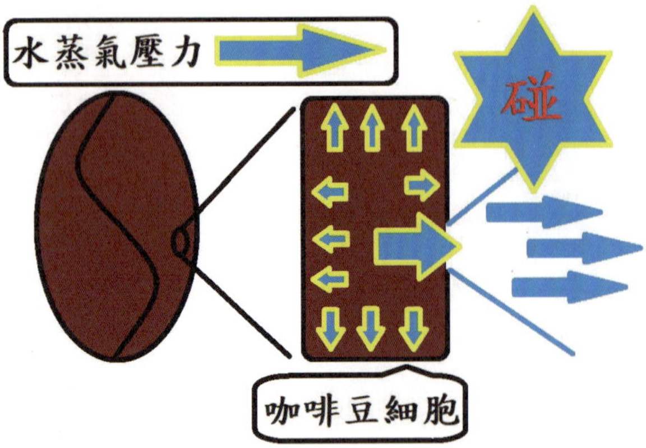

不斷加熱後，「細胞內」的水分因為細胞壁結構完整的關係停留在細胞內，水因為受熱由液體轉變為氣體，體積開始膨脹。在壓力極大的情況下，氣體會找尋細胞壁結構最弱的位置噴出，產生「啪！啪！」的爆炸聲，也就是所謂的「一爆」，這是烘咖啡豆時一個很重要的階段。

在這個階段，烘焙師需要決定這支咖啡豆的風味發展位置，也就是決定烘焙程度。

烘焙師會依靠很多資訊，如溫度、顏色、香氣，或是圖表資訊，決定是否要結束烘焙下豆。

此時的咖啡比較偏向淺、中烘焙。

這時咖啡豆的細胞壁有缺口，但是細胞結構仍算完整，咖啡的內容物經過梅納反應發展後是豐富的。

然而，正因為淺烘焙的咖啡細胞壁結構仍算完整，水分若想進入細胞內溶解物質到水中並不會很順利，因此需要一些技巧，如預浸、攪拌、高水溫、浸泡、分次斷水等。

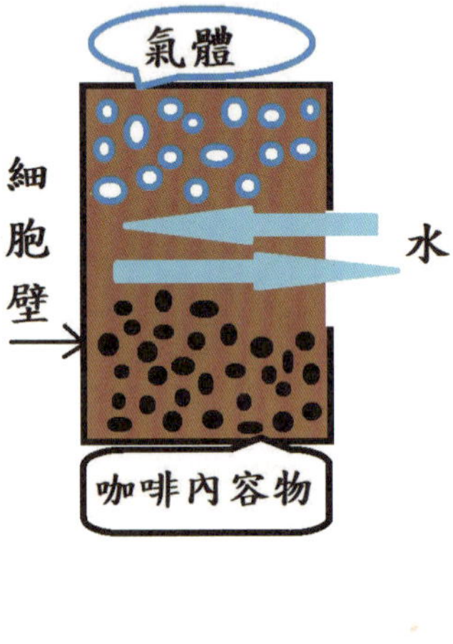

如果烘焙師繼續烘焙，咖啡豆將因為持續的高溫，細胞壁開始脆化，造成細胞纖維結構破壞而發出「恰！恰！」的爆裂聲，這就是所謂的「二爆」。（二爆的聲音比較像折斷竹製免洗筷發

出的聲響，聲音小，需要集中精神辨識）

咖啡豆經過長時間的高溫烘焙後，細胞內的物質正持續喪失，留下的物質已不如一爆時豐富。也因為深焙咖啡細胞結構的纖維已經鬆散，沖煮時水分很容易進入細胞內，也很容易將內容物溶解到水中。

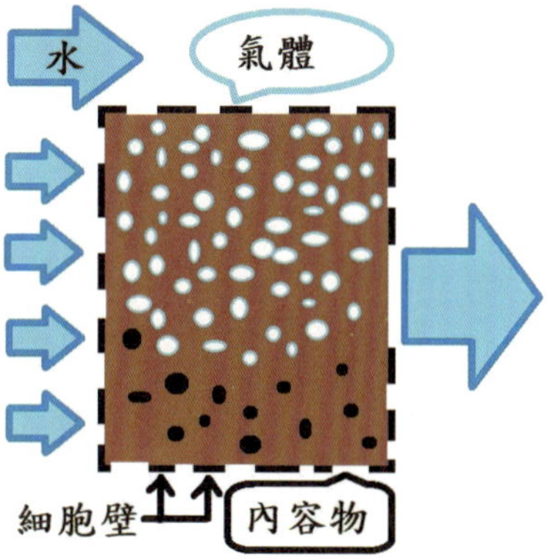

經由上述說明獲得的結論是：

淺烘焙的咖啡豆細胞結構較完整，內容物（花果香氣、酸、風味）較多。雖然質量較重，但是水在初期操作時也比較不容易進入細胞內排除空氣，所以煮虹吸咖啡的初期，咖啡粉容易浮在上層，等到一段時間才開始沉到底部。想將內容物萃取出來需要一些技巧，如攪拌、提高水溫、長時間浸泡等。

深烘焙的咖啡豆，咖啡結構較鬆散，內容物以堅果、焦糖的風味較多，水分很容易進入細胞內溶解物質並帶走，因此也很容易萃取出過多的物質。

就算是同一種咖啡豆，淺焙豆與深焙豆的結構、內容物質與風味都明顯不一樣，煮咖啡時所用的方法和技巧自然不盡相同。

愈了解咖啡豆，愈能依照其特性萃取出合適的味道。

烘豆機大補帖

熱的傳遞是由溫度高的地方傳到溫度低的地方，有熱傳導、熱對流與熱輻射三種方式。

如是之故，將咖啡生豆烘焙成咖啡豆的咖啡烘豆機若使用不一樣的熱傳遞方式，將直接影響咖啡豆的風味發展、咖啡結構與萃取特性。

烘豆機有以下幾種不同形式：

直火

咖啡豆的受熱過程是熱傳導大於熱對流大於熱輻射。

直火式烘豆機的內桶會打洞，增加火源與咖啡豆的接觸，同時可以直接用火源大小來控制加熱的能量，除了利用內桶的滾動來控制咖啡豆與熱源（火焰與內桶）的接觸時間，也利用風門控制桶內膛室的換氣與溫度，以此操作咖啡豆的烘焙過程。

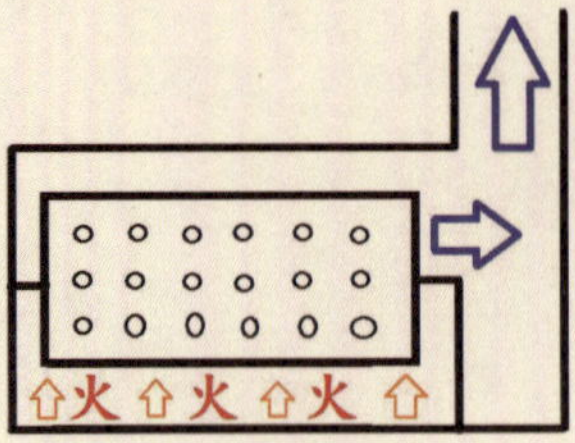

直火式烘豆機

直火式烘豆機的優點是火力直接傳遞給咖啡豆，讓烘好的咖啡有豐富多彩的層次與風味變化。但也很容易因為操作失誤讓咖啡豆外層燒焦，或是咖啡豆內外發展差太多，外熟內生，是非常需要烘豆技術的機種。

熱風

咖啡豆的受熱過程是熱對流大於熱傳導。

熱風式烘豆機是在進風口的位置加熱要進入內桶的空氣，利用熱空氣來提升咖啡豆的溫度，進一步達到烘焙的目的，很像我們用吹風機吹乾頭髮。

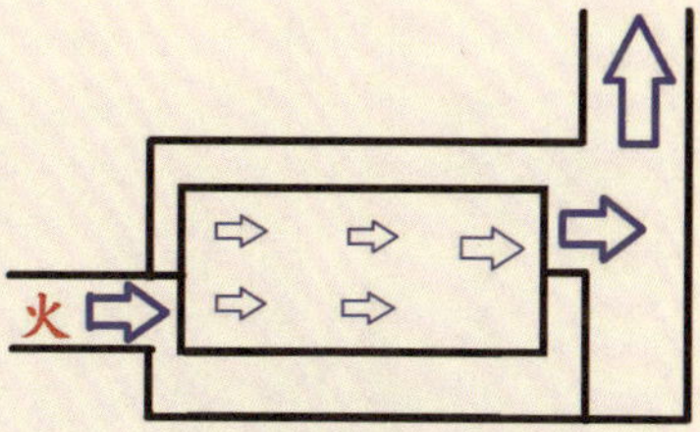

熱風式烘豆機

右側錶測溫是入風 334 度，左邊測溫是爐心 201.9 度，蓋上後溫度會更高。烘焙時入口溫度平均測量 750 度以上，算是很高溫，很需要烘豆技巧。

熱風式的優點是烘焙的咖啡豆內外溫度一致性高，意味著咖啡豆的內外熱化學發展一致性比直火式烘豆機好。清楚、明確的風味是它的特色，但也因為使用熱風加熱，烘焙過程中會將部分咖啡內容物與咖啡豆油脂一起帶出，讓咖啡豆的油脂大幅減少，香氣與厚實感也因此跟著打了折扣。

但換個角度來看，咖啡豆油脂的減少反而符合現代人減少油脂攝取的需求。魚與熊掌不可兼得也。

另一種浮風式烘豆機的作用原理相同。同樣是利用加熱的風往上吹咖啡豆，讓咖啡豆一邊翻攪一邊加熱。浮風式設計比較常用於家庭或是小公斤的烘豆機，方便操作，容錯率高，烘好的咖啡豆都有一定水準。烘豆時甚至有「咖啡豆噴泉」的感覺，是我很喜歡的機型。

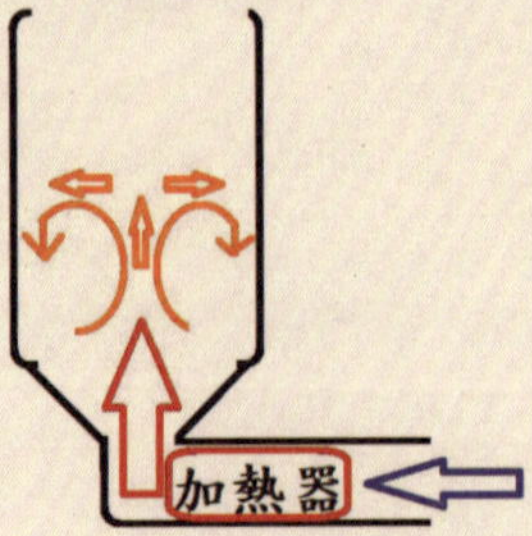

浮風式烘豆機

半熱風

在內桶材質相同的情況下，直火式與熱風式各有其優缺點，因此誕生結合了兩者的半熱風式烘豆機。

火源是直接加熱在沒有打洞的內桶上，並將加熱後的空氣導入內桶，利用內桶與熱空氣兩種方式加熱咖啡豆，提高咖啡豆溫度來烘焙。

半熱風式的烘豆機會利用火力大小、滾筒轉速與風門大小控制所有的烘焙參數，操作熱傳導與熱對流相對的作用大小，在咖啡的風味上因此能有更多發展。由於烘焙的兼容性強、可塑性高，如今已成烘豆機主流機型。

半熱風烘豆機的風味同樣兼併直火式與熱風式的特點，雖然無法做到如同直火式或熱風式那樣具有鮮明的風格特色，但可以根據烘豆師的手法、技巧來發展風味，讓烘豆師擁有更舒適、更自由的風味創作與揮灑空間。

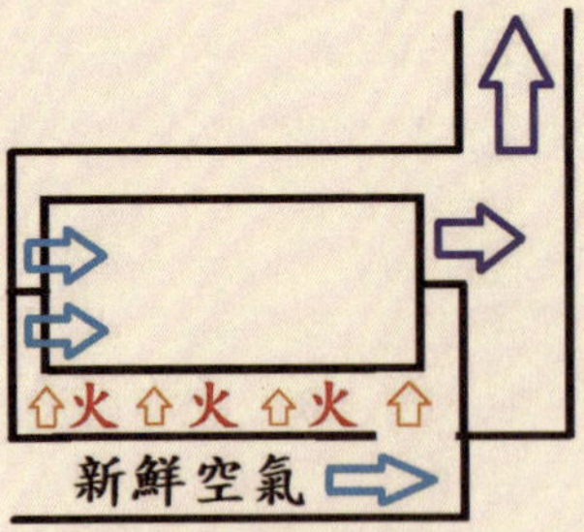

半熱風式烘豆機

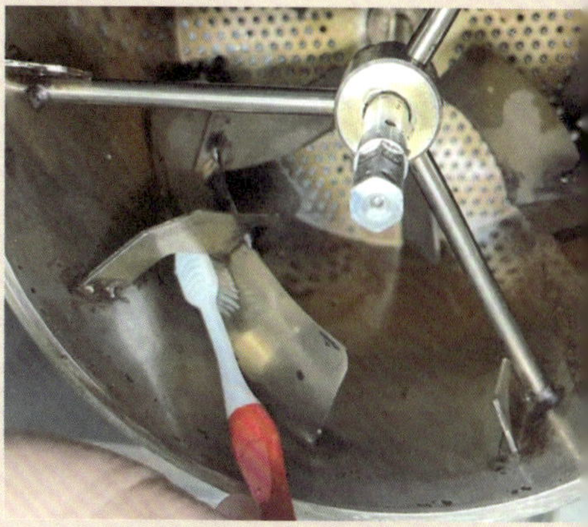

紅外線

紅外線加熱的烘豆機是以熱輻射為主的加熱方式來提升咖啡豆溫度，達到烘焙咖啡的效果。

由於主要是利用紅外線將能量傳遞給咖啡豆，摒除了熱傳導或熱對流這類間接傳熱方式，減少了能量的損失。熱輻射能讓咖啡豆受熱更均勻，因此對於咖啡豆的熱化學變化是所有加熱方式中最均勻的，烘出來的豆子風味也最乾淨、最清楚。

不過，紅外線加熱器的特性使然，其加熱過程是所有機型裡速度最慢的，因此也限制了咖啡風味的表現。

我個人覺得這並不算是缺點，畢竟青菜豆腐各有所好，環肥燕瘦各有千秋。

烘豆機是烘豆師的器材，我並不覺得烘豆機有什麼種類比較好或不好，重點在於能否烘出你喜歡的咖啡風味，這才是應該和你的烘豆師一起磨合、一起成就的事情。

圖中加熱源為近紅外線，波長為 750nm ～ 1500nm，這是穀物較能吸收近紅外線的波長。

咖啡豆透露的訊息

若想從咖啡豆的外表掌握更多訊息，以在沖煮虹吸咖啡時萃取出更合適的風味，可以觀察顏色和表皮這兩大面向。

顏色

我會從咖啡的表色反推烘焙時的狀態，利用咖啡焙度儀（Agtron number）測量的數值為參考。*基本上，由表色就可以大致知道咖啡豆的烘焙度，藉此得知咖啡豆的特性與萃取時的注意事項。

目前咖啡豆的烘焙程度並沒有統一稱呼，在此引用田口護《精品咖啡大全》書中提及由淺到深的八等分：

淺烘焙：約一爆密集前後、#84~#70

肉桂烘焙：約一爆尾到結束、#69~#65

中度烘焙：約一爆結束後到二爆前、#64~#60

深度烘焙：約二爆開始、#59~#55

城市烘焙：約二爆開始還未到密集、#54~#44

深城市烘焙：約二爆密集（微微的冒煙）、#43~#36

法式烘焙：約二爆快結束（開始冒煙）、**#35~#26**

義式烘焙：約二爆結束（明顯的冒煙）、**#25~#18**

要注意的是，同一批咖啡豆，直火式烘豆機烘出來的咖啡豆表色比半熱風式來得淺一些，半熱風式烘出來的咖啡豆表色又比熱風式再淺一些，箇中原因和熱的傳導速度有關，請大家試著思考看看！

關於咖啡豆的顏色，值得一提的還有表裏色差。咖啡豆的表色和磨好的咖啡粉顏色不一樣。

咖啡豆之所以會變色，是因為烘豆過程中接受到了熱能，由於梅納反應與焦糖反應所造成的熱化學現象。換言之，之所以會有色差，是因為咖啡豆的外層和內層受到的溫度不一樣，溫度的差異愈大，色差也愈大。

那這又表示什麼呢？這代表咖啡在風味上也會有差異。

其實我偏好將這類差異稱作「豐富度」，因為只要換個立場看——烘豆師為什麼要讓咖啡豆的表、裏溫度不一樣？是不是想利用大火「催熟」咖啡？

如果利用大火「催熟」咖啡就是烘豆師的本意，我們將能推斷以下兩點：第一，這支咖啡的整體烘焙時間應該是屬於快節奏烘焙；第二，快速烘焙是想將咖啡的前段風味做鮮明的呈現，酸質與香氣應該是這支咖啡豆的重點。

* 近紅外線是一種 780~1500nm 波長的紅外光，咖啡焙度儀透過發射近紅外線再接收被反射的能量，咖啡烘焙程度愈深，對近紅外光的吸收度愈高，因此當反射量愈低就代表烘焙程度愈深，反之反射量愈高就代表烘焙程度愈淺。也就是說，數字愈大烘焙度愈淺；數字愈小烘焙度愈深。SCA 將此數值稱作 Agtron number。

另一方面，如果咖啡豆的表、裏色幾乎相同，誤差很小，又表示什麼？

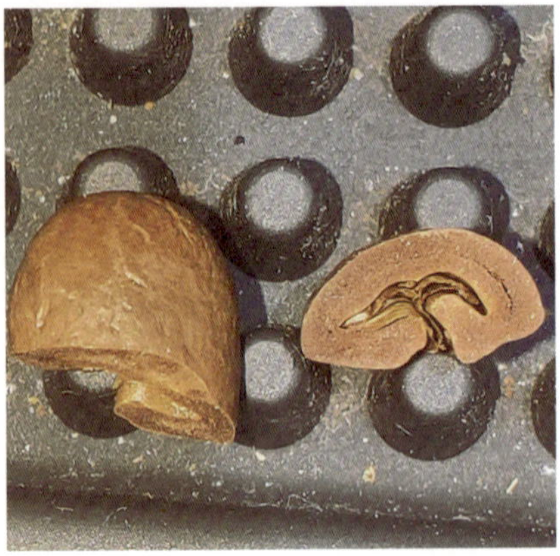

根據前述論點可知，這代表咖啡豆的內外受熱均勻，風味發展一致性比較高。

通常這樣的烘焙方式和技巧會需要一些時間來讓咖啡豆均勻受熱，所以在風味發展上也有比較充裕的時間。因此可以推測，這杯咖啡應該會有柔和的酸質與甜感，整體平衡性會有不錯的風味呈現，可以將萃取重點放在中、後段的風味、甜感與厚實度的表現，這應該是烘豆師想針對這支咖啡表達的風味特色。

或是烘豆師使用熱風式烘豆機，可以期待清楚明確的風味與清爽不膩口的感覺。

表皮

咖啡豆的表象除了顏色，還有表皮的樣貌。

首先是光滑的咖啡豆表皮。

光滑的表皮提供的訊息是：這支咖啡豆有充分的受熱與發展時間，所以表皮宛如吹氣球般被撐平。可以合理推測這支咖啡豆的風味發展是比較完整的，可以盡情的探索它所有的風味。

再來是中心線。

咖啡豆的中心線會依咖啡豆的品種與後製處理法不同，或多或少不一樣。通常日曬豆多於蜜處理，蜜處理又多於水洗處理。

我覺得中心線的多寡與風味並沒有明顯的關係，至少我喝不出來，所以也不會特別排斥。

第三是皺紋（虎斑紋）。

表皮上的皺紋來自於咖啡豆在烘焙過程中的「脱水」階段，由於咖啡豆水分減少，表皮收縮所形成的現象。不過在咖啡豆還沒完成一爆結束前下豆，都有可能在咖啡豆的表皮留下皺紋。這也表示烘豆師想做這支咖啡的前段風味，煮咖啡時若往前段發掘，應該能找到迷人的香氣與風味。

在虹吸咖啡的萃取操作時，應特別加強攪拌的擾流、溫度與時間控制，因為咖啡豆的本體結構應該仍處於較堅固的狀態，針對「如何溶解出咖啡物質」得多費點心思。

第四是出油。

我的經驗是，咖啡豆出油只有三個原因：

首先，通常比較容易出現在中深焙以上的咖啡豆。因為咖啡豆經過二爆後，本身細胞的結構已經不堅固，因此咖啡油脂很容易滲漏到咖啡表皮。豆子聞起來濃郁、奔放、強烈，雖然香氣感受隨人喜好，但應該不致於讓人皺起眉頭。

第二個原因是這支咖啡豆屬於油脂豐富的品種，所以就算是淺焙豆，烘好三、四天後同樣會在表面開始滲出油脂。豆子聞起來香氣撲鼻，讓人愉快，很好辨認。

最後一個原因是咖啡豆放久

了，以致於咖啡內的油脂都滲漏到外皮。豆子聞起來有種豬油味、油耗味（rancid），這是油品因氧化，氧化物累積到相當含量所產生的氣味。

總之，看到咖啡豆上有油不要認定為不新鮮，用鼻子聞一聞，就可以輕易辨別出來了。

最後想提一下隕石坑。

隕石坑是咖啡豆進入二爆時，咖啡表層因為細胞結構開始變脆弱造成脫落的結果。隕石坑現象只會發生在中深焙以後的咖啡豆，它和咖啡品種與烘豆時的操作都有關係，但我覺得與豆子是否烘好和咖啡風味表現沒有直接關係，不需要看得太重要。

現場研磨豆子之必要

將同樣分量的大塊冰糖和碎冰糖分別放入兩個相同的杯子，加入相同溫度和分量的水，做同樣的攪拌。哪邊會先溶解？

答案無疑是碎冰糖。這是物體溶解時表面積（接觸面積）對於溶解速率的影響。

同樣道理，咖啡豆經過研磨後，第一時間將散發迷人的芳香，無論是花香、柑橘味、漿果香或堅果香，都將增加我們對於這杯咖啡美好風味的想望。此時若將咖啡豆包入袋子裡，隨著時間與每一次開封引進新的空氣，風味將開始遞減。過了一個禮拜後，很多奔放的香氣不見了。

這是因為咖啡豆經過研磨後變成咖啡粉，表面積成倍數放大，咖啡內的芳香氣味也隨著面積擴大而加速散發。此外，咖啡的內容物與空氣氧化作用同樣因為表面積變大開始加速。最明顯的表現是，新鮮的咖啡油脂轉換成了油耗味。

正因如此，最棒的做法是在沖煮咖啡前，拿出良好保存的咖啡豆，取出需要的分量，現場研磨，在咖啡香氣最奔放迷人時，用水將咖啡風味溶解出來，徹底品嘗咖啡的千香萬味。

不論手搖磨豆機或電動磨豆機，不管磨豆機是數百元、數千元，甚至數萬元，請務必在沖煮前一刻再研磨咖啡豆，讓那支豆子貢獻自己最新鮮的風味。

從磨豆機到細粉

不同的磨豆機研磨出來的咖啡粉外型不一樣，咖啡粉的粒徑分布也不同。

其中影響的原因除了平刀盤、鬼齒盤和錐刀盤的不同，還有刀盤設計與加工技術、馬達轉速和刀盤大小。

刀盤形式

首先，常用的三種刀盤形式有三種，分別為平刀盤、鬼齒盤和錐刀盤。

刀盤形式的不同將造成咖啡豆研磨之後顆粒的形式、表面積大小的不同，沖煮時水和咖啡粉作用的面積也不相同。

● 平刀盤

平刀盤類似用「切」的方式來研磨，研磨出來的咖啡粉偏向片狀，咖啡粉表面積是三種刀盤裡較大的，因此沖煮時與水的作用也最強烈。經常會聽到咖啡師說，平刀研磨的咖啡煮出來的風

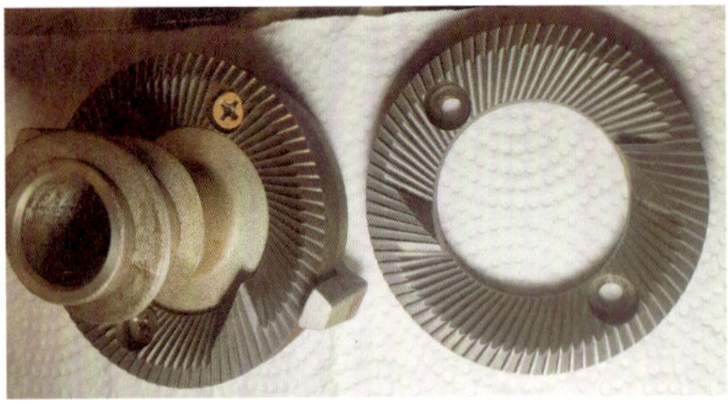

味比較明顯，一個不留神容易萃取過多的風味。

• 鬼齒刀盤

鬼齒刀盤類似用「咬」的方式來研磨，研磨出來的咖啡粉比較圓，咖啡粉表面積是三種刀盤

裡較小的，因此沖煮時與水的作用也比較緩和。在這樣的情況下，容易將咖啡的厚實感與後段風味帶出來，因此有「平刀適合手沖；鬼齒適合虹吸」的說法。

• 錐刀盤

錐刀盤類似用「輾壓、絞碎」的方式來研磨，研磨出來的咖啡粉類似「塊狀」，咖啡粉表面積介於平刀與鬼齒之間，因此沖煮時與水的作用較為中庸。有人說錐刀盤研磨的咖啡粉「進可攻退可守」，是個很好發揮、容錯率較高的磨豆機類型。

請注意，我想指出的重點並非不同刀盤研磨出來的形狀，而是咖啡粉與水的接觸面積不同。

在相同的顆粒大小下，使用不同刀盤研磨出來的咖啡粉，表面積的大小也不一樣。

咖啡粉粒徑

那麼，常常聽到的「咖啡粉

粒徑」又是什麼呢？

簡單說就是咖啡粉的顆粒大小，是研磨咖啡時調整粗細刻度後的研磨結果。

以常見的小飛馬磨豆機舉例，研磨度四號差不多是二砂糖左右大小，也是我最常用的咖啡粉大小。

把這個研磨大小當成參考值再來調整咖啡粉粗細，就有了依據，調整風味上的改變、參考與調整也比較有效率。

咖啡粉粒徑分布

「咖啡粉粒徑分布」則直接影響咖啡風味。

「咖啡粉粒徑分布」是指咖啡粉研磨後的大小分布。最常見的分布圖形宛如山丘，顆粒大小分布圖形會逐漸往中間集中，經過中間後開始驟然下降。這樣的分布常出現在一般的磨豆機上。

愈是高價的磨豆機，研磨出來的咖啡粉粒徑會相對集中；也就是在咖啡粉表面積相同的顆粒愈多，沖煮咖啡時的風味也會相對一致、清楚。

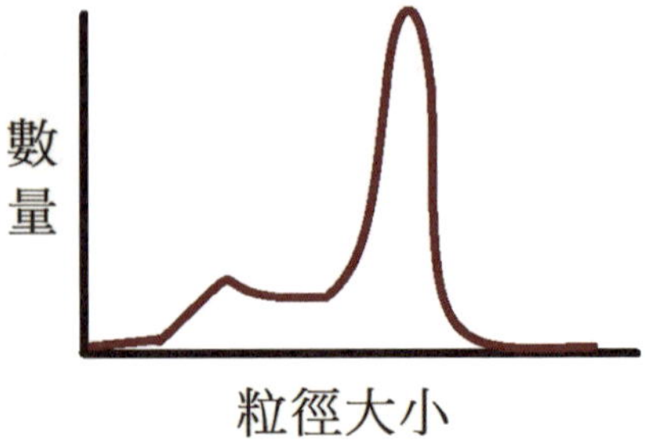

細粉對於萃取的影響

以二十克咖啡粉舉例，咖啡粉顆粒愈大，相同重量的咖啡粉表面積愈小；咖啡粉顆粒愈小，相同重量的咖啡粉表面積愈大。

就像二十克冰糖，一大塊冰糖和磨成粉末的冰糖粉，在相同條件的水溶液中，一定是磨成細粉末的冰糖溶解速度快。因此用同一台磨豆機研磨後，使用較細的2號研磨度的咖啡粉，表面積將大於使用3號研磨度的咖啡粉，兩者的萃取率不同。

這關係到咖啡的萃取率。這部分的控制、調整在「金杯理論」已有說明。

即便沖煮咖啡的時間相同，從細粉萃取出來的風味會比咖啡粉多很多。

假如細粉的顆粒大小差很多，萃取出來的咖啡風味也會變得複雜。細粉顆粒愈小的咖啡粉，則很容易將萃取率提高到超過二十二%以上（俗稱的「過萃」，詳見一四六頁）。

甚至可以說，用同一支咖啡豆製作咖啡時，細粉品質的好壞將決定咖啡風味品質的好壞。

我個人的研究發現，細粉的形成原因大致有五點：

❶研磨時，咖啡豆本體破碎所造成的細小粉末，與咖啡豆的品種、烘焙深淺、結構、硬度都有關係。

❷豆子在磨刀盤內研磨時無固定方向運動，因為相互碰撞而產生細粉。這與磨豆機的轉速成正比。主因是咖啡粉在刀盤內重複亂跳造成多次相互碰撞而形成。

我的經驗是，在同一個刀盤的情況下，轉速快的因為相互碰撞得次數多，細粉也比較多，細

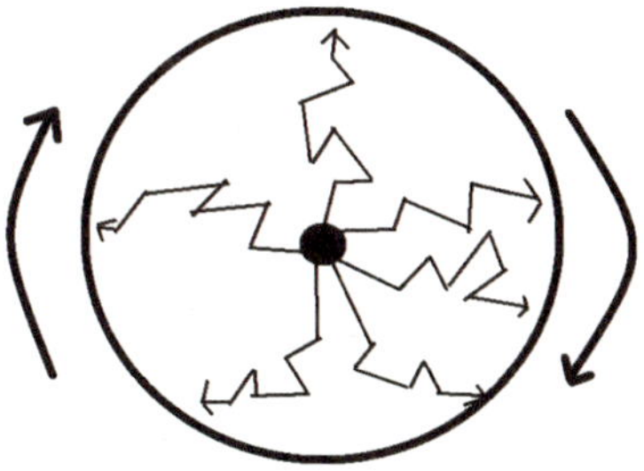

粉的大小一致性也比較好。

轉速快當然有缺點，咖啡粉容易因為高轉速而溫度升高，讓咖啡粉的香氣快速揮發。

但也不是轉速慢的就不好，還是要搭配刀盤的設計。市面上有很多陶瓷刀盤的磨豆機，以較低轉速研磨出來的咖啡粉，沖出來的咖啡就非常迷人好喝。

❸咖啡豆研磨時，磨豆機的馬達軸心因高速旋轉產生不穩定的偏移跳動，造成兩片磨刀盤一直出現不穩定的研磨狀態，進一步影響細粉品質。

這類問題比較容易發生在低價位磨豆機上，因為製造成本考量，馬達出廠時並不會多做一道「馬達轉子動態平衡」*。

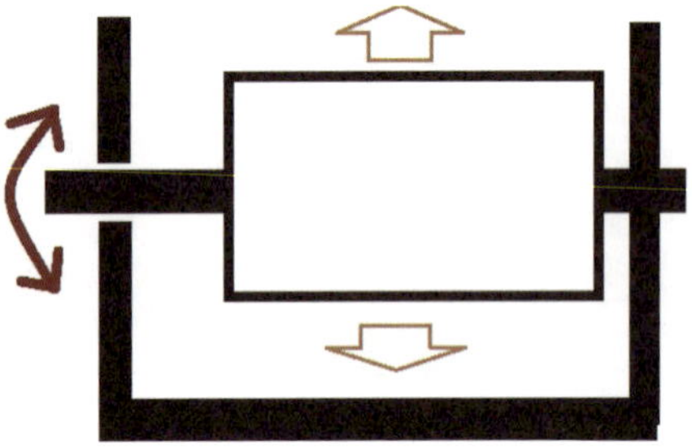

❹使用的轉子軸承精密度未必是最好的，所以轉動時會產生些許間隙，轉速愈高，震動愈明顯（清潔磨豆機時，搖一搖馬達的軸心，就知道是否有間隙）。

❺固定於馬達軸心的刀盤質量不均勻、不完美，轉動時轉速愈高，震動也愈明顯。

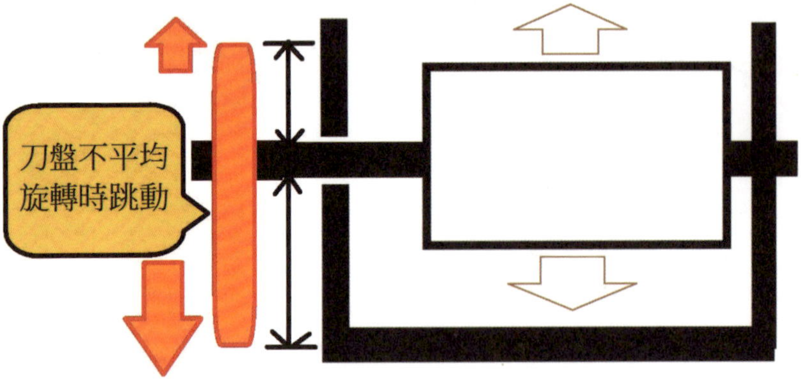

針對第❸到❺項，一個簡單的改善方式是——加強彈簧的力度。利用較強力的彈簧來抑制刀盤間的偏移，將有效改善馬達旋轉造成咖啡粉與細粉品質的問題。

簡單做個實驗。

研磨咖啡時，只要在磨豆機旁邊放一杯水，觀察啟動磨豆機（磨豆機空轉）時水杯內的波紋，以及研磨咖啡時水面的波紋，就會知道磨豆機工作時所產生的震動頻率和振福大小。

關於刀盤大小對咖啡粉粒徑的影響，假設在相同的設計與轉速下，我的經驗是大刀盤咖啡粉粒徑的品質比較好。

原因是大刀盤從刀盤中心到邊緣的角度比小刀盤來得緩和，咖啡豆可循序漸進由粗顆粒到細顆粒，研磨過程均勻，咖啡粉的一致性因此比較高。

再者，大刀盤研磨時的慣性（動能）比較大，研磨時較能保持穩定轉速，比較不會受到磨豆時的影響，轉速忽快忽慢，咖啡粉的一致性因此比較高。

刀盤材質

至於刀盤設計與加工技術方面，今日常見的刀盤材質有金屬與陶瓷，各有優勢。

●金屬刀盤

金屬刀盤目前仍是市場主流，市面上大部分是透過鑄造的方式加工與生產†。

大量生產製造的優勢使然，售價相對合理，特性是堅硬、有韌性，正常使用都有不錯的使用年限。又能用不同的加工方式製

＊馬達轉子有不平衡量時，既表示其質量分配不均勻，重心軸與旋轉軸未重疊，而重心軸與旋轉軸的距離稱為偏心距。偏心距愈大表示旋轉時產生的離心力愈大，離心力的大小隨轉速升高成正比，造成馬達運轉時產生震動。

† 金屬刀盤也有用更高階方式製作的，如CNC加工（電腦數值控制），精密度提高，製作成本亦增加不少。

作出多樣化且精密度高的刀片，進一步支援設計者想表達出來的細粉品質。

金屬刀盤的缺點是某些用久了會生鏽。或許是成本考量，或是需要較高的強度或韌性，廠商便以複合金屬為材料，間接造成了刀盤鏽蝕，好在只要每星期定期清潔、保養即可避免。如果有一段時間不使用，塗抹食用油將有效避免刀盤生鏽。

有些廠商會用電鍍法，在刀盤上鍍金、鍍鈦等，讓電鍍層填滿金屬表面的毛細孔，增加表層的硬度與耐用度，希望進一步減少咖啡粉研磨後的「金屬味」。*除了美觀，最主要就是防鏽，細粉也更容易從刀片凹槽上清出來，好處多多。

● 陶瓷刀盤

根據我接觸過的機種，大多數陶瓷刀盤都以較低的轉速來研磨咖啡豆，整個研磨過程中，感覺咖啡豆受「擠壓碎裂」大於「切削磨細」，所以雖然細粉的形狀大小之一致性較差，但是細粉的數量明顯較少，風味因此比較鮮明。

由於轉速大多較低，陶瓷刀盤研磨咖啡時，不會有因高速研磨而產生的熱能，可以讓咖啡內的高分子芳香物提早釋放，研磨後的咖啡粉並不會「很香」，保留了咖啡的香氣在沖煮時融入咖啡液中，讓咖啡更迷人。

細粉品質

影響的咖啡風味的關鍵又是什麼呢？

細粉品質是很重要的關鍵之一。

咖啡研磨後，不單單只有咖啡顆粒而已，也夾雜著很多我們比較不去注意的咖啡細粉。這些細粉，就是影響咖啡風味感受的關鍵。

不用特別準備高價篩粉器，只要拿家裡廚房比較細的過濾篩先過篩咖啡粉後再萃取就會發現，咖啡風味中的酸質與特色明顯許多，但同時也少了厚度與尾韻。這杯咖啡與沒過篩的咖啡相比比較單薄，少了深度、豐富性、厚度和層次感。

接著，用相同的方式萃取沒有過篩的咖啡粉，比較看看，這杯的風味很明顯多了咖啡風味的豐富性與層次感。

這種感覺如果用音樂來說明，很像在鋼琴鍵上按下了「Re」這個音，鋼琴會很明確地發出「Re」的單音。如果在按下「Re」同時也按了「Do」和「Mi」，將聽到新的「和聲」，聽起來比較有厚度、深度、豐富性和層次。

如果磨豆機研磨出來的咖啡粉粒徑、顆粒、大小一致，甚至連細粉的大小都很相近，在咖啡萃取的過程裡，咖啡的風味就會隨著我們萃取的方式，引導出一致性高的風味，宛如「和聲」般比較有厚度、深度、豐富性和層次。

如果磨豆機研磨出來的咖啡粉粒徑、顆粒、大小的一致不高，甚至連細粉的大小都差很多。在咖啡萃取的過程裡，就會引導出過多的風味，甚至到雜亂的地步，在咖啡風味的感受上一致性會比較低。那就像按錯了鋼琴鍵，破壞了原本和諧的和聲。雖然不至於刺耳，但很明顯與和聲就是有差別。

綜合以上，不難了解為什麼很多咖啡前輩或玩家一直強調，磨豆機是所有咖啡器材中最值得投資的，也是最直接影響風味的器材。在我看來，磨豆機的確是直接影響咖啡風味的重要器材之一。

但別忘了，咖啡沖煮是一個連續的溶解與擴散的操作結果，還有很多原因會影響最終的咖啡風味，包括溫度、攪拌、時間等，方方面面都會影響到最終萃取結果，千萬不要沉迷於高價器材，應該多多了解自己慣用的手法和風味表現方式再挑選合適的器材，才能事半功倍。

＊關於咖啡粉研磨後的金屬味，每個人對味道的靈敏度都不同，有些人對這種氣味特別的敏感。

關於「過萃」……

照字面來説，「過萃」意指過度萃取。由於「過度」兩字，這個詞彙因此披上了負面涵意，讓人產生不好的聯想，不自禁會避免過度萃取。但這很可能限制了整體風味的發展。

我想從兩個方面討論「過萃」。

首先，過度萃取的定義是什麼？

再者，過度萃取對咖啡風味的影響是什麼？

我認為唯有確實了解「過萃」的意思，才不會被限制。

所謂的「過萃」，根據我的認知，應該是來自一九五二年SCAA（美國國家咖啡協會）對於一杯好喝的濾泡式咖啡，應該滿足「咖啡濃度」與「咖啡萃取率」的兩個條件，分別是：

咖啡的萃取率應在十八％～二十二％之間。

咖啡濃度應在一．一五％～一．三五％之間。

如果咖啡萃取率超過二十二％以上，便可視為「過度萃取」。

早年受過該課程訓練的咖啡師帶入了這個資訊，後來在不斷傳遞的過程中，資訊失真，失去它本來真正的意思，讓後來的接觸者直接認定「過萃」在咖啡萃取中是錯的。

其實若靜下心想一想，一九五二年的咖啡豆品質、運送與烘焙條件都和現在不同，拿當年標準來看現在的咖啡合理嗎？是否應該修正？

此外，「咖啡的萃取率應在十八％～二十二％之間」是建議值，不是絕對值。SCAA提供萃取率與濃度數值的本意是幫忙大家學習或討論風味時能有數值來判斷、提供修改方向，我也希望大家能用更寬廣的眼界來看「過萃」。

再來談談第二個面向，「過度萃取」對咖啡風味的影響是什麼？我認為這要從咖啡豆的品質說起。

假設現在限時一分鐘，你可以在便利商店隨便拿，拿多少都算你的，你會怎麼選擇？

再來一次相同的條件，你會進入便利商店裡利用這一分鐘再拿出什麼？

相同的條件重複十次後，到了第十次，你覺得自己會從便利商店裡拿出什麼東西？有沒有可能是掃把、畚箕和垃圾桶？

此時回頭看一看，前四次拿的商品中，是不是都是店裡最有價值的商品？

這呼應了二〇一六年世界咖啡沖煮大賽冠軍粕谷哲的四：六咖啡沖煮理論。

每一顆咖啡豆就像一間倉庫，裡面風味十足，只等你將它們萃取出來。當我們不斷地使用溫度、攪拌和長時間的萃取操作，咖啡內的物質自然就一直被萃取出來，最後直到不需要的負面風味也會一起萃取出來。

換個方式比喻，如果你今天踏進一間滿是黃金、珠寶與藝術品的藏寶庫，同樣給你十次機會拿，每次一分鐘，相信你在第十次拿到的東西雖然會少一些，它們的價值也不會太低。而這就是我們常說的：如果這支咖啡豆都是正向風味且沒有明顯的風味瑕疵，那就放心萃取吧！

咖啡豆的保存

在展場沖煮咖啡時，經常被問「咖啡豆要如何保存？」，其實咖啡豆的保存只有三個重點：舒適的溫度、隔絕空氣、避免陽光照射。

舒適的溫度

咖啡豆在烘焙完畢後，就算已經降溫，豆子內的化學反應（氧化反應、梅納反應、酵素反應等）其實仍然緩慢進行著。

溫度與化學反應的變化是正向的，當儲存環境溫度愈低，咖啡風味老化的速度也相對緩慢。

如果將咖啡豆保存在冷凍或冷藏狀態，每一次開封使用時，外部的新鮮空氣會入侵，空氣中的水分會因為咖啡豆的溫度而凝結在咖啡豆表面，反而造成不良影響。

所以針對「咖啡豆可以放冰箱嗎？」，我的答案是——如果你的咖啡會在一百天左右內喝完，分成小包裝後，置於不透光的陰涼處即可。

如果想長時間保存，請適量分成小包裝，然後「冷凍保存」。

所謂的「分成小包裝」，假設平常煮咖啡是三平匙（約二十五克），就用密封袋分成每三平匙一包（我是用冰棒袋，便宜又好用），存放到冷凍庫，需要時再拿出來。

很多人可能會質疑，「冷凍的咖啡豆可以直接使用嗎？」答案是可以的。

事實證明，許多比賽選手甚至會特地用液態氮把咖啡豆冷凍到極低溫，就是為了讓咖啡豆的細粉品質更好。

不過要留意，冷凍的咖啡豆研磨以後的表面積增大，會將空氣中的水分凝結在咖啡粉的表面上，研磨咖啡的同時也會讓水分沾黏到磨豆機的刀盤上，雖然份量不多，仍須留心。

這些水分對咖啡風味有影響嗎？我相信有，但我喝不出來！

反倒是刀盤上的水分，清潔時要用除塵球多噴幾次，吹乾刀盤上的水氣，維持刀盤的清潔、衛生。

分裝冷凍是我目前用過最棒的方法，在此分享。

隔絕空氣

空氣中的成分很多，其中對咖啡的影響最直接的是氧氣，也就是氧化反應裡最直接的物質。所以有效隔絕空氣，自然就能抑制氧氣造成的反應。

此外，進入容器的新鮮空氣也會加速咖啡氣味的擴散，造成咖啡風味的喪失。

咖啡內含各種物質，接觸空氣後，其中的芳香分子開始加速喪失、油脂開始劣化。也就是說，接觸空氣正是咖啡風味愈來愈少且產生油耗味的主因之一。

另一方面，咖啡豆烘焙完畢後，其實會在三到七天內持續排出二氧化碳，延續風味發展，咖啡油脂也會滲至咖啡表層。依照咖啡豆種與烘焙手法的不同，咖啡風味從發展到衰退的時間不一樣。

如是之故，為了隔絕空氣，常見使用單向洩壓閥容器來保存咖啡豆。單向洩壓閥能阻隔外部空氣進入，內部壓力過高時又能排出氣體。

不過，單向洩壓閥不是聞香孔。若擠壓豆袋聞咖啡香氣，反而會造成豆袋內壓力過低，加速咖啡豆排放二氧化碳，加快咖啡油脂滲至咖啡表層的速度，咖啡豆加速老化的速度也會變快。這是咖啡店家非常討厭消費者擠壓豆袋的原因之一。

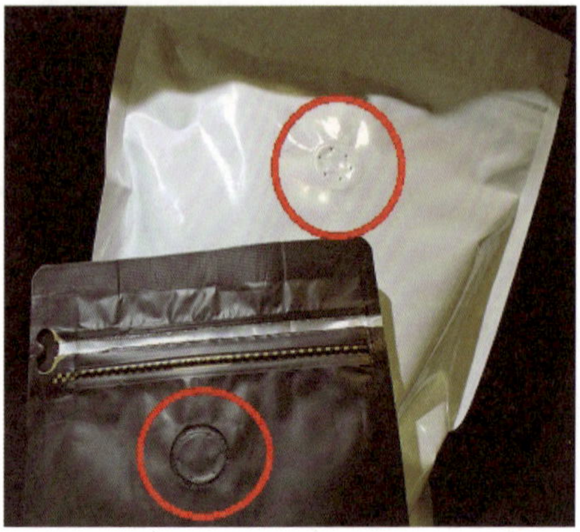

若是密封罐或真空罐，我的經驗是咖啡豆拆封後若能在一星期內用完，其實順手又方便的密封罐反而比真空罐好用，還能保留較多香氣。

值得一提的是，現在已有店家在包裝內填充氮氣以延長咖啡保鮮期，效果很棒。

避免陽光照射

用透光容器存放咖啡豆時，陽光將直接照射，既帶來紫外線的傷害，也可能提高容器內部的溫度，可謂直接加速咖啡豆老化。

陽光中的紫外線屬於傷害性光線之一，在某些特殊波長下，紫外線甚至能消毒、殺菌，因此常用於醫療與食品衛生。若直射咖啡豆，自然也會產生加速老化、分解的結果。

綜合以上，簡單來說，我認為有單向洩壓閥且不透光的夾鏈袋豆袋最好用。其實購買咖啡豆時，店家給我們的咖啡豆包裝就是這一種。其次好用的是密封罐，只要咖啡能在一星期內用完，找個漂亮的密封罐其實也是很棒的選擇。畢竟有好心情自然能煮出好咖啡！

9

咖啡二三事

淺談咖啡杯

咖啡的品嘗離不開色、香、味的呈現。

「色」除了咖啡液呈現的色澤，也包括咖啡杯的樣貌、咖啡杯的手感，還有咖啡出杯時的擺設。畢竟精品咖啡不單單只有嗅覺與味覺，視覺也是不可或缺的一環。品味咖啡時色、香、味的感官需要統合，其中關鍵就是美學的營造。

好的展示是對藝術呈現的尊重，擺設與餐具相當重要。好的餐具能增味，進一步加強香氣與風味的感受。

在高級的法國餐廳或享用懷石料理時，每一道菜的擺盤與使用的餐具，是不是都讓眼前的珍饈像極了一件藝術品？視覺觸動之下，嗅覺與味覺將被激發，這就是「色的誘惑」。

人的感官需要觸動，觸動愈多，感官愈強。嗅覺和味覺都是觸動，杯器則是另一種觸動。

至於「香」，在風味品嘗中，嗅覺占八成，味覺占兩成。

找一位朋友，為朋友蒙上眼睛，然後讓他喝一杯白開水，並在喝水的同時在他的鼻子旁邊擠壓一塊檸檬，最後問朋友喝了什麼，他將回答「檸檬水」。

這個有趣的實驗就是嗅覺對於味覺的影響。

當食物進入口腔，舌頭上的味蕾開始辨識酸、甜、苦、鹹、鮮的滋味，此時食物的香氣也會隨著鼻腔上方黏膜的嗅覺細胞接受，味覺細胞與嗅覺細胞會一起把資訊傳給大腦，製造出最終的味覺感受。這也是感冒鼻塞時吃什麼食物都吃不出味道的原因。

針對咖啡品飲，把嗅覺感受從弱到強分為三種，分別是擴口杯、直筒杯與縮口杯。

●擴口杯

擴口杯也稱為廣口杯，一般的咖啡杯多是這樣的設計。

擴口杯讓咖啡散熱較快不燙口，有耳朵的設計方便拿取，可謂咖啡杯具的主流樣式。視覺上能夠塑造出高雅的氣質與質感，但也會讓咖啡香氣大量散失。

這類杯子的優點是造型美觀，飲用時的動作優雅。杯上的

精緻彩繪與薄壁透亮的骨瓷材質則為品嘗時增添了更多樂趣。

●直筒杯

直筒杯就像是馬克杯般的直筒狀杯子。有耳朵的設計不論冷飲或熱飲都方便拿取。陶瓷的保溫性良好，較大的容量方便使用，也很方便清潔。個性化的外觀給人溫暖、容易親近的感覺，向來廣受大眾歡迎。

雖然我私底下很喜歡用馬克杯來喝咖啡，直筒狀的設計與陶瓷的保溫特性讓咖啡在飲用時可以獲取適量的香氣與溫度，藉由嗅覺與味覺來感受迷人的咖啡風味。但馬克杯總給人輕鬆、隨興的感覺，呈現精品咖啡時總覺得有一點價值落差。

補充說明，直筒狀的杯子除了馬克杯之外，還有司令杯、可

林杯、高球杯等，但是這類沒有耳朵（把手）設計的杯型由於裝熱飲時無法直接手拿飲用，不在目前的討論範圍。

● 縮口杯

縮口杯是目前咖啡賽場中最多選手使用的杯型。原因無他，就是能集中咖啡氣味，提升咖啡風味的感受，所以不論是陶瓷或玻璃材質，縮口杯在咖啡玩家間一直都是必備的杯型之一。

目前市面上的縮口杯外型設計與杯身彩繪都略顯簡單，期望日後能出現兼具功能與設計美感的縮口杯。

最後談談「味」。

德國科學家 **Zur Psychophysik des Geschmackssinnes** 一九〇一年發表的論文中提到，舌頭上不同的部位對於酸、甜、苦、鹹這四種風味所需的最低強度不同，其中某些部位對某些味道特別敏感，而非我們熟悉的舌尖甜、舌側酸、後根苦的風味分布。

換言之，咖啡杯的材質與造型會影響喝咖啡時舌頭接觸咖啡液的位置。

比如擴口型的骨瓷杯由於杯壁薄、開口寬，飲用時咖啡液會從舌尖流到舌頭兩側，再經過舌面流到舌後根，如此一來，舌頭味蕾全部都會接觸到咖啡液，獲得的味覺訊息比較全面。

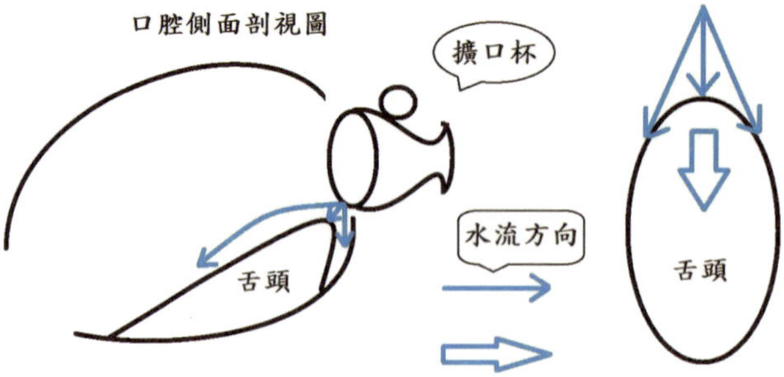

又如一般常見的陶瓷咖啡杯或馬克杯，杯壁厚，開口較窄，飲用時嘴型也會跟著調整成接近橢圓形。此時飲用的咖啡液只有少量經過舌尖，大部分會直接從舌面來到舌頭兩側偏後的位置，再流到舌根。如此一來，舌頭獲取的甜感與酸感會少一點，整體的味覺偏向厚實飽滿，尾韻也較厚實。

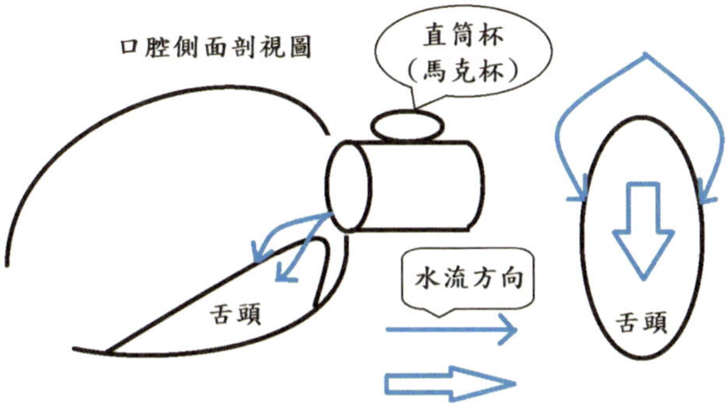

最後是縮口杯，杯壁厚，開口窄，飲用時嘴型會跟著調整成接近圓形，而且飲用時頭會微微抬起，舌頭也會微微翹起，此時，咖啡液會直接接觸舌面再流到舌根。這樣的咖啡流過舌頭，只有舌面與舌根獲取到多數的味覺訊號，舌尖與舌側只有少數的液體，在整體風味上的厚實度與尾韻表現比較直接。

比賽時，很多選手會引導評審在酸質與風味時用啜吸（利用嘴巴吸氣快速把咖啡液吸入口腔霧化，通過鼻後嗅覺感知咖啡更多的風味。結合味覺資訊後就可以精準的評鑑咖啡風味）的方式評鑑，在厚實度、尾韻時直接拿杯子飲用。

我們可以利用各種不同材質、造型的杯子帶出想表達的咖啡風味，或是利用其特性來修飾咖啡風味的缺點。

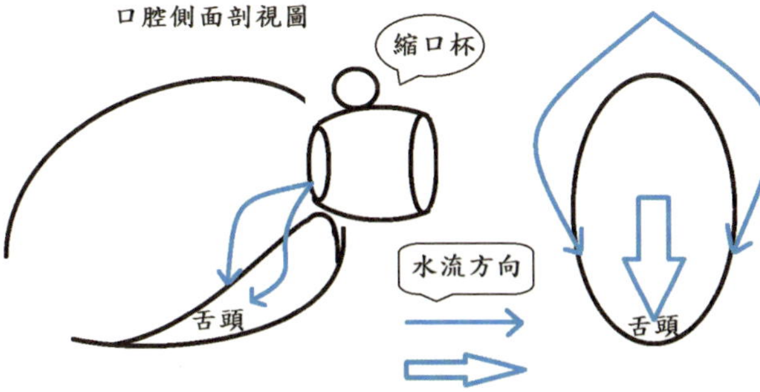

辨識與表達風味

剛開始接觸精品咖啡時，常常聽到老師或前輩們分享咖啡的風味，有桃子、李子、接骨木花、桂花、蜂蜜、葡萄、杏仁等形容詞，但是我根本就喝不出來。

箇中差異在於平日是否有練習「拆解風味」與「風味資料庫」夠不夠多。

舉例而言，你是否曾經試著分析雞腿便當的風味？雞腿甜嗎？是比較像白糖的還是紅糖的甜？覺得鹹是因為鹽巴還是醬油造成的？酸來自調味醋還是檸檬汁？苦是因為炸太久嗎？

一旦習慣了拆解風味，就會發現米飯、蔬菜、豬肉、牛肉、海鮮等每種食材裡面蘊含的風味都相當豐富，而且再喝咖啡時，就很容易將咖啡的風味一一拆解出來。

風味資料庫的話，唯有多方嘗試、接觸，才能真正了解與累積。以花香來說，比較常在咖啡裡發現的花香有咖啡花、梔子花、接骨木花、橙花、百合花、桂花等，其中的梔子花和接骨木花，沒聞過還真是無法分辨。

其他風味如柳丁、甜橙、檸檬、萊姆、香吉士、柚子、紅糖、白糖、麥芽糖、焦糖、杏仁、榛果、夏威夷果、可可，更是需要多方嘗試。

等到風味拆解的技術愈熟練，風味資料庫的樣本數也足夠，形容咖啡風味時的辭彙自然就會愈來愈多、愈來愈準確。

也要再次強調，這沒有好與壞、對與錯！

每個人對於單一風味的感受不同（同一顆蘋果，你吃和我吃的風味感受和強度就不一樣），每個人的味覺資料庫樣本數也不一樣。所以同一杯咖啡，不同的人會用不一樣的詞彙形容，但風味感受是相似的。這也是品咖啡、論咖啡最有趣的地方。

另一方面，風味表達固然是有效引導飲用者感受咖啡風味的方式，讓品飲咖啡的體驗更具體、更直接，但隨著製作咖啡能力的提升，不妨使用感性的方式來表達風味，讓飲用者更進一步提高品嘗體驗。

假設今天品嘗一支衣索比亞的水洗咖啡，通常會說：「這支咖啡有明亮的酸質、像橘子一樣，同時有紅糖的甜，伴隨著些許的巧克力韻味，讓這支咖啡從入口到吞嚥都伴隨著嗅覺與味覺的精采呼應，讓人回味無窮。」

現在或許可以這樣說：「這支來自衣索比亞的咖啡，風味就像橘子一樣酸、甜，像極了一隻在樹林裡穿梭的蝴蝶，緩和又輕盈。其中，紅糖般的甜感像從樹葉間灑下的耶穌光，讓口腔多了一點溫度。最後蝴蝶飛遠，消失在樹林深處，像極了巧克力的韻味遺留在喉嚨，隱隱帶著一絲苦，以及些許的遺憾。喝一口水，遺憾將轉化成甘甜，這樣的感覺只有你才能體會。」

我覺得在精品咖啡的世界中，風味感受的部分雖然因人而異，比如柳橙的酸與橘子的酸，每個人的感受都不一樣，但是整體的感覺方向是一致的。

我們經常以「直給」的方式來陳述風味感受。沒有不對，只是少了一點美感。我認為品咖啡時的風味陳述可以多多用情境來形容，除了詞彙比較優雅，更能引導飲用者品飲時的心境。讓咖啡不再只有酸、甜、苦的生理感受，更多的是心情的恣意遊走！

成為一位精品咖啡師

我認為咖啡師是整個咖啡產業裡最重要的位置。

咖啡師是產業鏈裡唯一直接面對飲用者的人。

咖啡師也是能夠面對面探尋飲用者的喜好來推薦咖啡，並利用沖煮知識來調整風味，讓飲用者品嘗到喜愛的咖啡、露出發自內心微笑的人。

咖啡產業的前端製作者所有努力，全靠咖啡師合適的表達與分享，客人才能品嘗到咖啡最美好的風味。

擁有正確的心態與心理素質，才是精品咖啡師最根本的價值所在。

咖啡師的自我要求

我認為咖啡師的自我要求不外乎以下三方面：有教養的儀態（外在）、有正確的觀念（內在）、有持續精進的態度（心態）。

以儀態來說，單手撐著桌子或把手放入口袋，感覺都很不尊重正在沖煮的咖啡與飲用者。靠近濾杯正上方直接聞取咖啡香氣以確認沖煮狀況則讓人感覺有衛生隱憂。

正確的觀念則勝過良好的製作技術。技術可以靠不斷練習培養，觀念卻像大樓的基石；基石不正，無法蓋出高樓。舉例來說：有害或不潔的東西絕對不可以加到咖啡裡給客人品嘗、不靠貶低或詆譭其他咖啡師來抬高自己的身價、到處踢館最不可取等。

咖啡師還要有持續提升自我的態度（心態）。

我剛接觸咖啡時，豆單只有藍山、摩卡、巴西、曼特寧、哥倫比亞五種咖啡，頂多加一個綜合特調咖啡。製作咖啡只有虹吸壺、摩卡壺、義式咖啡機和少量的手沖器具。近幾年咖啡已有詳細的產區資訊，後製處理從當初的日曬、水洗、蜜處理，到現今各種特殊處理法，器材進展來到了膠囊咖啡機、愛樂壓、聰明濾杯、可獨立控制參數的義式咖啡機，同時再加上各式手沖壺，各種形式的濾杯、磨豆機，樣式、材質、型式都不斷推陳出新。

此外，手沖技巧如河野流、本格流、金澤流、火山沖、隕石沖、一刀流、松屋式也不停地被挖掘出來，咖啡師實在不能自滿於現有經驗或技術，得不斷學習，才不至於原地踏步，跟不上時代。

咖啡師的三種境界

說到隨時學習，學咖啡時，有人依照書籍或影片的內容學習，有人依照課程老師教學的內容學習。不論方式為何，都會接觸到一堆沖煮參數，如水粉比、研磨刻度、時間、攪拌圈數等，利用參數來熟悉整個咖啡沖煮操作流程。過程中則需要利用感官來學習、修正，並經由長久的練習，內化成為自身的技能。

如此經年累月，自然會發展出屬於自己獨特的操作、表達方式與沖煮想法，久而久之便自成一派，也就是我們說的「個人風格」。

簡單來說可分為三種境界。

● 見山是山（初級）

用身體來煮咖啡，根據獲得的知識來複製咖啡沖煮。

也就是書上寫什麼、老師講什麼就照著做。這個階段的咖啡沖煮裡充滿了咖啡豆要磨多細？水溫要幾度？咖啡粉幾公克？攪拌要幾圈？這一類數字，就像是小朋友學習與模仿父母親的一舉一動。不論結果好不好，整個學習過程中都抱著愉快興奮的心情，品嘗著每一杯自己的成品。

我一直認為，這階段的咖啡學習是所有過程裡最快樂的，沖煮咖啡時會運用與生俱來的五感。

眼睛：從課堂或影片中觀察、學習咖啡沖煮的所有過程，並想辦法複製它，達成「沖煮一杯咖啡」這件事。

耳朵：利用聽覺獲取所須資訊，透過課堂或影片的沖煮說明來彌補眼睛獲取訊息不足的地方。

鼻子：沖煮過程中，利用鼻子獲得咖啡透露出來的訊息。咖啡會在不同的沖煮階段透用香氣告訴沖煮者「我還沒準備好」、「我已經準備好了」或「我已經過頭了」，利用這些資訊，再配合沖煮技巧，自然就能調整出心中希望的風味表現。

這是我最喜歡的，我也一直都很享受這件事，認為它是整個沖煮過程最重要的。好好去聞、去感受，你會發現咖啡很愛說話！

舌：咖啡煮好了，來喝看看吧！這個味道是你喜歡的嗎？你想表達的味道有表達出來了嗎？是不是有哪邊還可以再加強？有哪邊還可以再修飾？

透過不斷品嘗才能知道咖啡沖煮的結果，並進一步修正與學習，讓每一次的咖啡沖煮結果都能成為技術的養分。

這時，通常你和同學或朋友會不斷腦力激盪，沉浸在歡樂又夾雜著笑聲的氣氛中，同時藉由不斷的修改製作參數，挖掘同一支咖啡豆有不同風味與風味的可能性。這種感覺很棒、很過癮，也是我愛上咖啡的主要原因之一！

身：利用不斷的練習，讓身體記住每一個沖煮動作，比如移火控制溫度、虹吸咖啡攪拌的手勢、抹布和毛刷的使用等，將之內化成沖煮咖啡的操作習慣，我認為這是學習過程中一個很重要的環節。

很多人的沖煮壞習慣都是在學習過程中不經意養成的。好比單手撐著桌子、單手插口袋、鼻子直接放在上壺（或是手沖咖啡濾杯正上方）直接聞取香氣等，一旦不合宜的行為在經年累月下自然成形，日後就得特別花心思修正。

● 見山不是山（中級）

在這個階段，基本的咖啡學習已經無法滿足你，開始斤斤計較所有的參數。小數點後第一位是基本的，第二位是應該的，進一步追求風味在毫釐之間的極致。

這個階段經常迷失於各種參數。咖啡豆重量、磨豆機的機型（咖啡粉的品質）、咖啡研磨度、分段時間、分段溫度、水的硬度、TDS與酸鹼值、沖煮手法、甜度、萃取率、濃度、金杯準則等。

由於近乎「走火入魔」，我覺得已經失去了沖煮咖啡最大的樂趣。畢竟此時追求的不再是「好的咖啡」，而是「完美的風味表現」，或許應該稱為「咖啡實驗師」更貼切。

但是，這樣真的好嗎？

我相信這樣沖煮出來的咖啡可以滿足大部分人的味蕾，但實際上卻好像缺少了那麼一點點屬於咖啡的靈魂。

● 見山又是山（高級）

昇華到意念的傳遞。

當咖啡沖煮超過萬杯以上，很多咖啡師已經不再使用碼錶、溫度計和電子秤來輔助沖煮了。

就像飯店大廚做菜時，你不會看見他用電子秤確認油、鹽、醋的份量，用溫度計確認油溫、水溫、烤箱膛溫，一切對他的身體來說都是那樣熟悉，做菜需要的步驟流程已經內化成了肢體行動，宛如騎腳踏車時身體自然而然的律動，不用特別去記去想，身體就這樣自然而然動了起來。

想要表達對咖啡的想法，身體自然針對部分的風味加強，在磨豆與溫度選擇時自然而然調整各項參數，拿攪拌棒入水攪拌、繞圈、停熄火，藉由咖啡的排氣樣貌、香氣味道來搭配沖煮技巧。

更重要的是沖煮時散發出來的自信，以及呈送咖啡時，讓飲用者感受到咖啡師想表達屬於這一杯咖啡「作品」的風味。

這已經不再是單純的咖啡分享，而是另一種心靈層次的對話。

這並不是天方夜譚，在這塊土地上，我知道有很多咖啡師都能創造出這樣的作品。

當然，只要願意繼續不斷地學習，了解各種不同的沖煮想法與技巧，用心沖煮每一杯咖啡，並在咖啡裡面加上一點自己的想法，時間一久，你將發現，自己的咖啡特別好喝！

咖啡的靈魂

鄧麗君小姐唱的〈月亮代表我的心〉是一首我很喜歡的歌曲。

各大音樂平台裡可以聽到由不同歌手演唱的版本。先聽原唱鄧麗君小姐的版本，再聽張國榮先生詮釋的版本，然後五月天主唱阿信演唱的。你一定會發現，相同的歌曲由不同的人唱，會唱出不一樣的感覺。

這首好聽的歌曲，當然還有其他演唱者用自己的方式加以詮釋，用歌聲分享這首歌曲帶來的感動，表達歌曲的意境。這，不就是歌手賦予歌曲的靈魂嗎？

相同的方式也發生在畫家、雕塑家、陶藝家等藝術創作上。

那麼，「咖啡的靈魂」，不也是相同的創作形式嗎？

咖啡師藉由他的專業知識與技術，了解即將製作的咖啡風味特色、產地人文背景，或是咖啡本身的歷史故事，利用適當的製作方式製作，調整並表現出最適宜的特色風味。讓飲用者不僅僅喝到咖啡本身的風味，也體會了產地種植、採收、後製、包裝運送、烘豆師對風味的取捨與對咖啡的想法。

覺得不可思議？

不，我認識很多咖啡師，他們都可以達到這樣的境界。

以梵谷名作《向日葵》系列為例，我真的看不出來那十幅向日葵到底有什麼不一樣，對我而言都是向日葵，只是畫的向日葵長得不同而已。

然而，畫作之所以有價值，正因畫作本身擁有屬於自身的、與其他作品不同的「靈魂」。我看不懂，是因為我缺乏藝術知識，畫作本身卻不會因此貶低了價值。

同樣道理，對咖啡的認識太少，自然也無法體會到咖啡沖煮師想表達的意境。

製作咖啡時，如何將靈魂鑲嵌在咖啡作品中呢？

這個問題的答案非常簡單，執行起來卻非常不容易。

答案是：確定好你想表達的風味特色方向，在科學的基礎上，利用熟練的萃取手法和技巧，將咖啡做適當的風味表達、揚長避短。

所謂的「適當的風味表達」，也許是這支咖啡豆最具特色的風味（百合花香、水蜜桃味、薄荷香氣……），利用沖煮技巧將它放大；也許是將酸、甜、苦的比例做適當的調整平衡；也許是將整杯咖啡裡最不討喜的風味弱化，甚至截斷。

至於何時用哪種方式，端看咖啡師的經驗與功力，那就像鄧麗君、張國榮、五月天的阿信，哪個不是唱功一流外加經驗豐富，詮釋歌曲都有自己獨到的想法，也因此唱出了不同的感受。

製作咖啡時賦予「咖啡靈魂」有點像騎腳踏車，一旦學會了，只要確定好方向，就會本能地朝向想要的方向前進，雙手和雙腳就會不由自主踩踏起來。動作之間無比協調，而且不需要太

多思考，而這一切，統統建立在有科學基礎的沖煮知識與大量的練習上。

同樣以前述沖煮計畫舉例：要沖煮的肯亞AA淺焙水洗豆，前段有明顯檸檬加葡萄柚的風味與糖類的甜感，但因為這支咖啡的「酸」太鮮明，所以我把沖煮重點擺在控制前段風味的萃取，以及提升甜感的比例，甚至想加一點尾韻的可可韻味來調整風味。我設定的沖煮計畫如下：

❶下壺熱水加到刻度3的位置（約三百六十毫升）。

❷準備三平匙半的咖啡豆，用磨豆機磨到約二砂糖大小。（往「高濃度低萃取」的方向萃取咖啡）

❸點火加熱下壺，直接結合上壺，放入咖啡粉等待。

❹等水開始往上移動時調小火，並使用攪拌棒撥動咖啡粉，讓所有咖啡粉都可以接觸到水，預浸。

❺等水上升到一半時，將火源移到旁邊使用邊緣火，觀察粉層情況。

（這裡的等待時間很長，超過十五秒以上；希望藉由長時間的預浸來減緩咖啡酸值的風味感受）

❻等粉層間開始有綠豆般大小的泡泡產生時；或用鼻子聞上壺，水果香氣減弱並開始有堅果香氣產生時，開始用力攪拌。

（咖啡萃取的重點放在中段，期望利用大量的甜感與堅果風味來平衡咖啡酸值帶來的刺激感，讓咖啡酸甜平衡的風味感受更加明顯）

❼邊攪拌邊聞香氣，直到香氣從最大值開始減弱，同時會有一些可可香氣時移火，（這樣的操作大約十到十五秒）繞兩圈做小山丘，並在下壺上半部包溼布，等待上壺水自然落下，完成咖啡萃取。

（「聞到可可香氣再移火停止萃取」這個動作的目的，是希望在咖啡整體風味裡加上一些「苦」的風味，除了增加尾段風味，讓整杯咖啡風味更完整，也希望藉由苦的風味讓整杯咖啡的風味感受更鮮明、更有層次；結束萃取前用攪拌棒在上壺多繞兩圈做小山丘，與下壺包上溼布加速上壺咖啡往下壺移動，是希望上壺咖啡可以盡快脫離水粉接觸，保留我所設定的咖啡風味平衡比例）

也希望大家都能製作出一杯屬於自己的「有靈魂的咖啡」。

從這份完整的沖煮計畫中，你會發現，整體操作已經不是單純地煮一壺虹吸咖啡，而是在整個咖啡的萃取過程中包涵了很多的萃取調整，期望給予咖啡不一樣的風味展示，讓飲用者能夠感受到屬於肯亞AA的「靈魂」。

希望藉由以上說明讓大家清楚了解，「咖啡的靈魂」並非無稽之談。

10

虹吸壺操作常見問題

這個章節是我累積了所有的經驗所匯聚而成。其中有些問題是我的影片播出後的發問，也有在展場煮咖啡時現場參觀者提出的。

為什麼用量匙？不用重量？

主要是因為我的習慣。我一開始學虹吸咖啡時就是用量匙，後來不管是淺焙豆、中焙豆或深焙豆，我感覺用量匙的濃度、風味一致性，比用重量（公克秤重）還要高，所以就延用了。

虹吸咖啡的沖煮方式屬於全浸式，比較類似杯測的風味。又因為淺焙豆和深焙豆在烘焙時給豆子的能量不同，造成咖啡豆的結構與內容物質多寡不同，使得萃取率也不相同。比如用二十克咖啡豆煮三百克水，深焙豆和淺焙豆咖啡液的濃度與萃取率就有明顯差異。

為什麼要先斜插管等下壺水熱？

主要是為了斜插管操作安全，以及上壺水溫穩定、好掌握，較適合虹吸咖啡初學者。

尚未結合上、下壺時，下壺由於持續加熱，溫度會一直升高，但是並不會產生明顯的氣泡，容易造成「水溫還不夠高」的錯覺。此時若冒然插入上壺，很可能引發水沸騰瞬間噴出高溫水飛濺燙傷。

若採用斜插管加熱的方式，便可藉由突沸鏈的氣泡大小來判斷水溫是否達到需要的溫度，不論是掌控水溫或是判斷上下壺的結合時機，都能一目了然。

為什麼下壺水加熱空燒超過十秒後，要結合上壺前，要先關火等待三十秒，再斜插放入上壺？

基於安全理由。

尚未結合上、下壺時，下壺由於持續加熱，溫度會一直升高，但並不會產生明顯的氣泡，容易造成「水溫還不夠高」的錯覺，此時冒然插入上壺會引發水沸騰瞬間噴出，非常危險。

先關火等待三十秒，讓壺內水溫下降後再結合上下壺，這時上壺突沸鏈接觸到下壺不會突然噴發造成燙傷。

養成良好的操作習慣。你無法確定自己剛剛沒注意時，自認的十秒鐘實際上已經是三十秒還是六十秒。安全第一！

為什麼突沸鏈的泡泡超過黃豆大小就要先關火，等一下再結合上下壺？

這時下壺的水溫太高，若結合上壺，下壺水容易暴衝。此外，暴衝到上壺的水溫過高時經常跟隨大氣泡，造成熱水噴發、飛濺，非常危險。

突沸鏈的泡泡超過黃豆大小時，關火稍等十到十五秒後再重新加熱結合上下壺，較安全。

突沸鏈的泡泡已超過黃豆大小

下壺的水為什麼上不去？

橡膠墊圈漏氣。

檢查上壺下方的橡膠墊圈是否變硬或破損，這個零件有出分件，可以單獨購買、更換。

這種狀況通常比較常發生在很久沒使用的虹吸壺，或是使用很久的虹吸壺。

橡膠久了、硬化了，就無法密封上下壺導致漏氣，下壺的水無法順利流入上壺。

水升入上壺後，泡泡為什麼一邊大一邊小？

第一種可能性是因為濾器（濾布）沒有放在中心位置。濾布沒有固定在下壺正中央的話，空氣會因為濾布壓力不均勻，使得泡泡一邊大、一邊小。

第二種可能性是濾布下方的固定彈簧沒有拉直。固定鉤在彈簧固定環上多繞了半圈，造成濾布施力不均勻。這個細節在某些比賽中屬於「重大缺失」，會扣很多分數，可見其重要性。

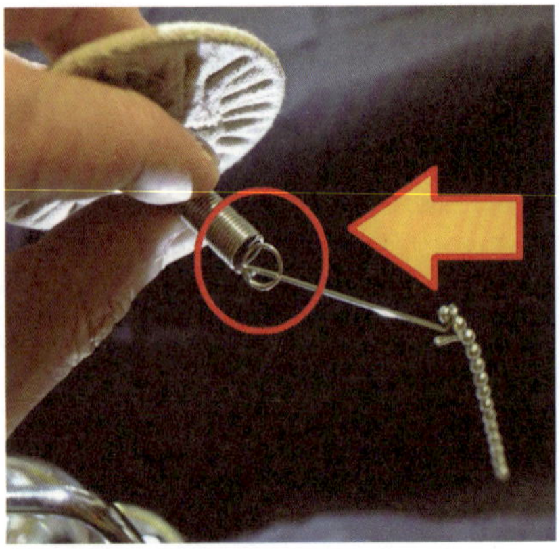

第三種可能性是濾布使用太久，纖維已經稀疏。若使用太久，濾布纖維因為清潔、刷洗很可能變得間隙過大，導致氣泡大小不均，換新的濾布即可。

此外，玻璃濾芯或陶瓷濾芯也容易發生這種狀況。因為製作時難免有些許誤差，濾器與上壺之間會產生大小不一的縫隙，只能在煮咖啡時多多留意。陶瓷或玻璃濾器會產生不同的風味，可別因為這一點小小的問題而捨棄了美麗的風味！

咖啡煮到一半，水為什麼掉了下來？

因為失壓。常見狀況有二。

第一種是下壺壓力不夠。可能是下壺熱能不夠或是風太大造成下壺失溫，下壺水無法順利氣化成足夠的水蒸汽導致壓力不足；或是冷空氣通過下壺，造成下壺內的空氣冷卻、體積縮小形成負壓力造成下壺壓力不足。

第二種是橡膠墊圈失去彈性，使得上下壺無法密封，形成失壓。請仔細回想上下壺是否確實結合？或是觀察上壺下方的橡膠是否龜裂、失去彈性，所以無法密封上下壺？

為什麼煮好咖啡後，上下壺很不好拔出來呢？

橡膠墊圈老化變硬。

橡膠墊圈失去彈性會造成上下壺沒辦法順利拔出，這種情況多半發生在使用比較久的虹吸壺上。

橡膠墊圈若變硬，尺寸就小了一點，容易卡住瓶身洞口，無法順利拔出。

只要更換新的橡膠墊圈就可以解決。

關火後，為什麼上壺的水不會全部下來，還有少量咖啡液？

因為漏氣、失壓。

上壺水之所以往下壺移動，主要就是靠下壺空氣的熱脹冷縮所產生的真空吸力。

當下壺的水因為熱量不夠或熱量停止供應，不再轉化為氣體，壓力也開始下降。因為溫度降低，下壺空氣的體積便開始收縮形成負氣壓，進而將上壺的水「拉」入下壺。如果此時橡膠墊圈密封不良而漏氣，無法產生足夠的負氣壓將上壺水「拉」入下壺，上壺就會留下一部分的咖啡液。

確實密合上下壺或更換新的橡膠墊圈就能解決。

為什麼煮到一半，下壺會裂開或是破掉？

因為下壺的外側有水珠，或是下壺的底水已經燒乾了。

若有水珠在下壺的外側，加熱時會使玻璃膨脹係數不同，下壺產生裂縫造成破裂。

請養成好習慣，每次結合上、下壺前，都把下壺與上壺的外側先用乾淨的布擦拭一遍。就算非常確定沒有水也要擦拭。這個動作還會讓旁人覺得你非常專業。

此外，拿取上壺時，或是結合上壺前，都要養成擦拭上壺的習慣。這是為了避免煮虹吸咖啡時，因為操作震動，導致上壺外側的水滴到下壺外側，造成破裂的危險。

再來，如果下壺加熱時間過久（通常超過五分鐘以上），水在不斷的加熱情況下變成氣體，最後下壺燒乾沒有底水保護，就容易燒裂玻璃，造成下壺破裂。

發現下壺已經沒有底水時，請關閉火源，等上壺水自然流下即可，千萬不要分離上下壺。此時上壺有大量的高溫水，操作不當讓高溫水濺出（溢出）的話，很可能造成重大燙傷，千萬要小心。

當然，也不要拿布或用手直接接觸碰，此時下壺很可能因為突然的溫度變化導致爆裂。雖然比較少發生，還是請特別留意。

為什麼書上的攪拌法和影片的不一樣？

虹吸的攪拌方式並不只有十字、8字、繞圈這三種。

書裡只分享這三種是因為這三種比較好控制咖啡萃取，能夠讓初學者輕鬆進入虹吸咖啡的世界。我的影片裡其他常見手法如擠壓、散拌、劃、划、推、轉等技巧比較進階，萃取會更有效率，但使用時必須要有足夠的基礎與經驗。

好比虹吸咖啡的技法裡有一種稱為「轉」，就是利用拇指和食指夾住攪拌棒並不斷地前後移動，讓攪拌棒不停地正反轉，進一步達到擾動水流的效果。感覺很像洗衣機洗衣槽裡的轉盤，利用正反轉讓水流擾動。要使用「轉」這種技巧，攪拌棒把手必須是圓柱狀才能達到效果。

又比如還有一種技巧叫「撇」，是利用拇指下方的肉墊靠在上壺邊緣，利用食指和中指的夾住攪拌棒並將攪拌棒滑動$\frac{1}{4}$圓（九十度），利用這種方式來擠壓咖啡粉，同時製造溫和的攪拌水流。這時的槳面不需要太大，槳面看起來像刀狀，被稱為刀棒。

下壺一開始加冷水可以嗎？

可以。

下壺需要長時間加熱才能達到足夠的工作溫度，進一步開始操作虹吸壺萃取。

對於「先插管／先投粉」來說，「下壺加冷水」可增加虹吸咖啡風味的豐富度、複雜度，屬於比較進階的操作手法。

但是對於「斜插管」來說，由於下壺的水到上壺呈現定溫的狀態才開始操作，「下壺加冷水」只是增加等待時間而已，並沒有太大幫助。而且等待時間真的很長。

下壺一開始加冷水和熱水，除了時間，還有其他差別嗎？

依照先、後下粉的操作方式，有三種答案。

答案一，使用「斜插管＋後下粉」煮法，沒有差別。因為投入咖啡粉的時機都是在結合上壺，等到上壺水穩定後才進行。

答案二，使用「下壺加熱水、先下粉」煮法，咖啡風味的複雜度開始變得更多元！因為先下粉時，下壺水受熱移動到上壺時的初始水溫比後下粉時低很多（我的操作有六十度左右），同時上壺要達到滿水位的加熱時間也比較長。如此一來，咖啡粉和水結合萃取的時間比較長，溫度從低到高的範圍很廣（我的操作溫度是六十度到九十二度左右），釋放出來的風味自然豐富許多。

答案三，使用「下壺加冷水、先下粉」煮法，咖啡風味的複雜度最豐富。因為先下粉時，下壺水受熱到上壺時的初始水溫比較低，同時要達到滿水位的加熱時間也會比較長，因此咖啡粉和水結合萃取的時間也最長，溫度從低到高的範圍最廣（我的操作溫度是四十度到九十二度左右），釋放出來的風味當然相當豐富。

換言之，由於咖啡粉接觸水的初始溫度不同，後續加熱時間也不同，溫度從低到高，釋放出來的風味會隨水溫遞升，風味自然豐富許多。

試試看，你會發現很不一樣！沒有哪種方式比較好，只有咖啡的風味讓人喜歡，才是咖啡主要的價值。

為什麼我的咖啡不甜？

首先，請確定你的咖啡豆有足夠的「甜」可以萃取。

再來，除了增加「甜」的萃取，最需要抑制後段「苦、澀味」的產生，因為負面風味很容易蓋過甜感。

最後，請減少前段的「酸質」，因為酸的風味需要更多的甜去做平衡。

關於風味有許多專業課程，這裡分享的只是基本技巧，練熟後就會發現，風味調整其實並不困難。

為什麼沒有教「結束時包溼布讓咖啡快速落下」？

所有的動作都有目的性，包溼布前請先問自己為什麼要這麼做？

書裡分享的所有步驟都是希望能夠簡化虹吸咖啡的操作，讓可能影響咖啡風味的變因減到最少，提供明確的學習方向。之所以沒有分享「包溼布降溫，結束沖煮」技巧，主要就是希望能夠減少虹吸咖啡在沖煮上的變因，讓我們更能掌握需要的風味。

或者也可以說，虹吸咖啡世界賽裡的選手，大部分都沒有包溼布降溫來結束沖煮，「包溼布降溫」這個動作並不是影響咖啡風味的關鍵技術。

補充說明，虹吸咖啡在結束時，包溼布與不包溼布，在咖啡風味上是有差異的，可以把注意力放在尾韻的表現上。

為什麼我的咖啡是苦的？

咖啡裡的苦有三種。第一種是因為濃度太高所造成的苦，第二種是會回甘的苦，第三種是會讓人感到不舒服的苦。

說明這個問題前，先了解咖啡的「苦」是怎麼產生的。

一般來說，咖啡的「苦」不外乎以下三種來源：

首先，阿拉比卡咖啡豆內含「綠原酸」（羅布斯塔豆的含量更高），經過烘焙會分解成奎寧酸和咖啡酸，這時咖啡豆便會出現酸苦感和澀感，烘焙時間愈長愈深，豆子苦味、澀味愈重。

換言之，盡量選擇綠原酸含量少的咖啡品種（比如阿拉比卡種的咖啡）或淺焙咖啡豆，苦味自然就可以減少許多。

由於這類苦、澀的風味大部分都是在沖煮後段時萃取出來的，只要能夠控制後段萃取，甚至不進行後段萃取，自然就能改善苦味的釋出。

順道補充說明，咖啡因也是苦的來源之一，但是咖啡因在整個苦的風味影響不到十%，故在此不做討論。

再來是第二種來源，咖啡豆烘壞、燒焦的數量太多，沖煮咖啡時自然容易萃取出苦味。由於這與烘豆師的設備和技術有直接關係，採購咖啡豆時可針對這方面多多觀察，進一步挑選比較符合自己口味的烘豆師烘焙的咖啡豆。

最後是第三種來源，咖啡液的濃度是否過高？濃度過高會讓我們在味覺上產生「苦」的判斷，這時只要加水將風味拉開，自然就會改善苦味（而且風味拉開後，通常還可以品嘗到更多細緻的風味）。煮咖啡時，調整咖啡豆的濃度（咖啡豆少一點），或是研磨咖啡粉時研磨號數加大半號或一號，都可以改善這個問題。

咖啡液面上有一層薄薄的油？

那是咖啡油脂。咖啡豆原本就是果實，所以內含油脂。油脂會帶來甜感、滑順感、醇厚感與咖啡香氣。

然而，咖啡油脂容易讓血液中的三酸甘油酯和低密度膽固醇指數上升。研究指出，每天喝下六十mg的咖啡油脂就會使三酸甘油酯和低密度膽固醇上升。好在以精品咖啡來說，一杯一百二十毫升淺焙咖啡的咖啡油脂含量約二、三mg，深焙含量約五mg，一天最少要喝十二杯以上才有可能超標。

若像手沖咖啡使用濾紙，咖啡油脂將降低到〇．二到〇．六mg。

為什麼我的咖啡看起來濁濁的，不清澈透光呢？

硬水裡的金屬離子帶正價電，容易和咖啡裡的負離子（蛋白質）結合沉澱，造成咖啡混濁。此外，硬水裡的內容物（TDS：總溶解固體）比較多，也會影響萃取。

再加上虹吸咖啡的萃取大部分是使用濾布，濾布的纖維間隙比較大，咖啡液體中的內容物容易移動到下壺，和手沖使用濾紙能夠過濾大部分內容物不同，也讓虹吸咖啡液看起來比較混濁。

不過正因如此，虹吸咖啡喝起來風味厚實飽滿，與手沖咖啡的乾淨清爽不一樣！

為什麼咖啡煮完後，下壺有一點渣渣？

依我的經驗有兩種狀況。

第一種是濾布使用時間太久，濾布的纖維間隙太開，無法有效過濾細粉。

第二種是濾布固定用的鐵片變形，或是濾布固定在下壺時沒有放好，下壺和濾布間有縫隙，讓細粉通過縫隙進入下壺。

如果使用的濾器是陶瓷、玻璃、金屬濾網等材質，由於這類材質會讓縫隙更明顯，下壺有一點殘渣其實相當正常，最後一口不要喝即可。

下壺煮完後為什麼黑黑的？

因為附著了燃燒不完全的碳粒。

若是使用酒精燈，請選購工業用酒精才可以完全燃燒，不會有碳粒附著的現象。高%數的藥用酒精容易燃燒不完全，造成碳粒附著變黑。

若是使用瓦斯爐，請用打火機專用瓦斯，瓦斯乾淨度比較高，也不容易產生燃燒不完全的現象。若填充吃火鍋用的快速爐用瓦斯罐，乾淨度不夠高，不但容易因為燃燒不完全造成碳粒附著，瓦斯爐的噴嘴也容易損傷。這兩種瓦斯的價差不多，別因小失大。

咖啡渣為什麼不可以直接倒入排水管？

日子久了會造成水管阻塞。

咖啡渣沖入水管乾掉時會變硬，時間久了一層一層堆積起來，水管就堵塞了。最要命的是沒有方法可以消除堵塞，只能將水管挖出來更換新水管。

老一輩的吧檯師父打烊後都會故意微微開啟水龍頭，保持約兩到三秒一滴水，讓水管內保持溼潤，避免咖啡渣乾掉堵住水管。

我會用比較細目的濾網將咖啡渣濾除後，再轉成大水清洗虹吸壺。

為什麼沒有針對水的調整提出數值？水不是也很重要，會影響沖煮結果嗎？

水對咖啡的沖煮真的很重要。

一杯咖啡有九十八%以上是水，加上約二%以內的咖啡萃取物。水在一杯咖啡裡占了絕大多數。

我們可以把水對咖啡的影響簡單分成三個部分，分別是酸鹼值、軟硬，以及水的可溶解物質濃度（TDS）。

酸鹼值就是pH值，當pH值小於七，溶液呈酸性；pH值大於七，溶液呈鹼性；pH值等於七，溶液為中性。咖啡的pH值落通常在pH5～pH6，所以我們使用高於咖啡酸鹼值，pH值落在pH6.5～pH7.5的水來沖煮咖啡，進一步平衡咖啡的酸值。

硬度則是利用水中的鈣離子與鎂離子的濃度來區分水質的硬度，通常分為四個等級：軟水0~75mg/L；中等硬水75~150mg/L；硬水150~300mg/L；極硬水300mg/L以上。硬度較高的水容易萃取出苦、澀感；硬度低的水容易提升香氣，喝起來比較滑順。我們沖煮咖啡的水的硬度多半落在17~85mg/L。添加適量的鈣、鎂離子，有助於提高咖啡的風味！

最後是溶解性總固體值（TDS，Total Dissolved Solids），「溶解固體」是指溶解於水中的任何礦物質，和少量溶於水的有機物。TDS過高會導致萃取率不足，因此用TDS值在75~250mg/L的水來沖煮咖啡，達到一定的萃取率。

我想說的是，正因為水涉獵的層次很廣，對咖啡風味的影響比較細緻，所以我認為並不適合在這裡討論。一方面是水所造成的細緻風味差異需要具備一定的風味辨識經驗，一方面也怕剛開始學習虹吸就掉進水的參數世界，反而忽略了沖煮虹吸咖啡最直接影響咖啡萃取的技術。

有小山丘的虹吸咖啡真的比較好喝嗎？

咖啡的尾韻有差別，好不好喝在於每個人的感受。

小山丘其實就是在最後一段攪拌時繞圈旋轉，自然就會形成小山丘。

除了美觀，小山丘在濾布上還會造成上壺濾布中央水流到下壺時的阻力。

因為濾布正上方的阻力大過側邊的阻力，所以大部分的水會由側邊流到下壺。

由於濾布的側邊僅有少量的咖啡粉，所以流到下壺的咖啡液大部分都不會再經過咖啡粉萃取出最後一段風味。

把時間拉回三十年前，早期的虹吸咖啡萃取都走厚實路線（中深焙咖啡為主），所以最後一段的風味減少，就會提高中段的甜感風味感受，因此很多人認為有小山丘的咖啡除了美觀，也比較好喝。

現在虹吸咖啡同樣開始沖煮以淺中焙為主的精品咖啡，咖啡風味在強調前段的香氣與甜感的情況下，最後一段風味的影響也就不明顯了。

濾布清潔後為何要泡在水裡？而不是放在旁邊晾乾？

避免氧化發臭。

每一次煮完咖啡後，不論如何清潔，濾布都會有殘留的問題，尤其是殘留的蛋白質與脂肪，氧化後會轉化為酸臭味與油耗味。

我煮完咖啡後通常都會將濾布刷洗乾淨，放入容器內先用熱水浸泡五分鐘，將部分殘留在濾布上的先物質溶解出來後，再更換新的水泡著，等待當天下一次取用。

濾布為什麼要用刷子刷？不會被刷壞嗎？

因為用刷子刷濾布比較乾淨。

濾布本來就是耗材，而且有刷洗與沒有刷洗的濾布，使用壽命並不會差很多。

每一次煮咖啡多少都會有油脂與殘渣吸附在濾布上，濾布纖維也會在每一次煮咖啡時損耗。時時更換濾布是一位合格的虹吸咖啡師應該有的作為。

什麼時候需要換濾布呢？

❶發現濾布的顏色變深時。
❷停止加熱後，上壺的咖啡液流入下壺的時間變長時。
❸下壺咖啡液有細粉時。
❹濾布放太久沒用時（我覺得超過半年就該換新）。
❺濾布有異味時。
❻若每天煮一杯，約每個月更換一次。

既然濾布在適當的時候都要換新以保持乾淨，何不在使用時確實刷洗乾淨，確保衛生呢？

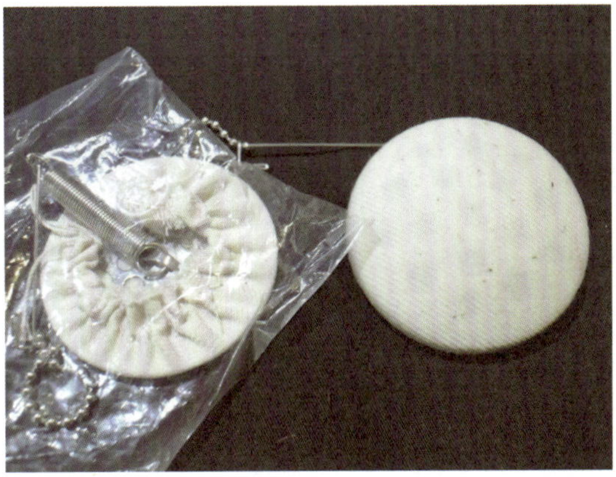

為什麼濾布隔夜要放入密封罐內泡水並放入冰箱冷藏？

為了隔絕空氣與氣味，同時延緩氧化變質。

將食物放入冰箱冷藏之所以能延長保鮮期，是因為低溫能降低細菌活性，同時也減緩食物變質。相同的原理也可以應用在濾布上。

每次煮完咖啡，濾布上都會殘留油脂、蛋白質與纖維素，如果不處理乾淨，下次使用就會有很明顯的油耗味與酸臭味。

將濾布泡入裝了水的密封容器並置於冰箱冷藏，隔天只要先用熱水泡一下就能用，不再困擾於油耗味與臭酸味！

濾布清潔這麼麻煩，大家為什麼還是使用濾布？

我覺得是因為濾布依然是目前最好用的濾器。

虹吸咖啡壺的濾器有很多種材質，濾布、濾紙、玻璃、陶瓷和金屬，各有優缺點。

玻璃和陶瓷都是使用濾器和上壺間的間隙來過濾，所以過濾後的咖啡液很容易有細粉，同時也容易造成阻塞。而且使用的過程中，下壺需要穩定的火力控制，避免濾器因為下壺火力太大造成跳動，不慎造成上壺玻璃受損，也因為濾器跳動造成咖啡渣流到下壺影響喝咖啡時的口感。

當然，使用易於控制下壺火力的光爐可以減少這方面的問

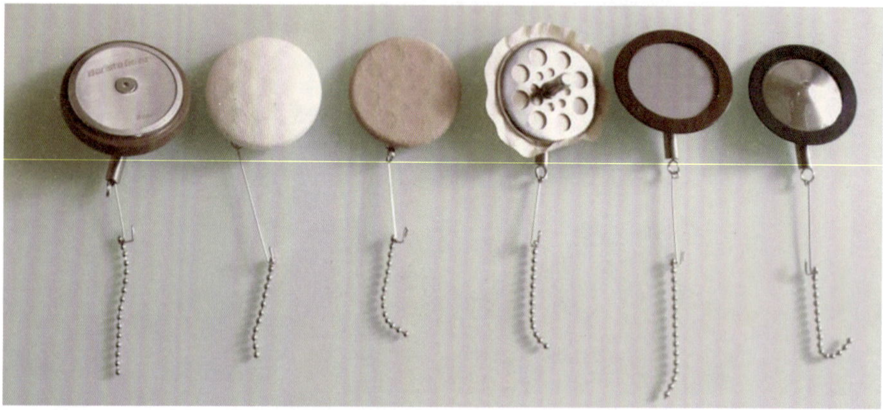

題。玻璃和陶瓷不會損耗，又好清潔，可以品嘗到最直接的風味與油脂感，所以現在也有很多人使用。

金屬濾網的話，拜現代科技進步所賜，現在的金屬加工除了傳統的壓鑄、沖壓加工，最新的是以蝕刻製作，讓金屬濾網的網目品質更好。

話雖如此，金屬濾網容易阻塞與細粉不容易完全過濾的問題還是有很多進步空間。最讓人感覺不舒服的是，金屬濾網用久了需要使用專用清潔劑才能徹底清除附著在濾網上的殘留物，還有最令人詬病的「金屬味」。由於金屬表面的毛細孔容易將這些味道釋放在水中，有些味覺敏銳的

人對於這類味道感覺不太舒服。有業者利用電鍍（鍍金或鍍鈦）填平金屬表面的毛細孔，希望能改善這個問題。

金屬濾網沒有耗損，使用手感與濾布相似，又可以品嘗到最直接的風味與油脂感，所以依然有很多愛用者。

濾紙的話，印象中最早見到使用濾紙的濾器，是HARIO的NCA－3（MCA－3也是使用相同的濾器），煮出來的風味比一般濾布乾淨清爽。

由於易於清潔，我外出煮虹吸咖啡時最常使用的也是濾紙式的過濾器。然而，濾紙會過濾掉多數的油脂與部分纖維素，咖啡品嘗起來的口感在滑順度與厚實度方面，與濾布煮出來的感覺就是少了那麼一些些。

濾布是購買虹吸壺時會附贈的過濾器，也是目前最多人使用的過濾器。原因很簡單，使用簡單、方便、好上手、耗材又不貴。雖然濾布有令人詬病的臭酸味與油耗味，但是只要正確處理，依然能品嘗到厚實飽滿的咖啡風味。

先投粉和後投粉的差別是？

咖啡風味的複雜度。

首先，請理解你選擇先投粉或後投粉的原因，答案才有意義。

關於先投粉，咖啡粉先投入已經結合的虹吸壺上壺中，當下壺水因為下壺熱源持續增加，下壺水開始衝往上壺時，剛開始接觸咖啡粉的水溫其實只有四十到五十多度（依照現況而有不同），隨著上壺的水愈來愈多，水溫愈來愈高，咖啡風味也會因為咖啡粉接觸水後開始不斷萃取出來。咖啡粉從低溫水到高溫水的風味萃取，精彩程度可期。

然而，假設下壺的熱源不做任何調整，下壺的水將飛快地往上壺衝，上壺的水將產生劇烈的滾動，此時水溫約莫九十二到九十五度。而且最要命的不是水溫，而是因為上壺高溫伴隨的大氣泡形成的攪拌行為，很容易讓咖啡萃取過頭。更危險的是，上壺水因為沸騰噴出導致燙傷，或是噴出來的水流到下壺外側，導致下壺破裂造成傷害。

由於對於初學者來說，因為緊張而忘記調整火源是經常發生的事情，所以我並沒有在書裡分享先投粉的技巧。我希望每一位對於虹吸咖啡有興趣的讀者，都能在安全的情況下先學習虹吸咖啡的基礎操作，熟悉了基本動作原理和觀念後，再學習其他技巧。

至於後投粉，一般都是在下壺水已經往上壺移動並經過適當調整，且上壺水已經呈現穩定狀態時，才開始倒粉萃取咖啡。接下來的操作也都在控制範圍內（如攪拌方式、時間長短等）。這表示每個人都可以依照自己的想法給予咖啡合適的風味，下一次煮咖啡時不但可以再次重現美味，更可以依照上一次的沖煮計畫調整或改變這一次的風味，讓咖啡更迷人。

為什麼虹吸壺煮出來的咖啡味道都比較厚實呢？

虹吸壺咖啡屬於浸泡式萃取。萃取時，容器內的固定水與咖啡粉接觸的時間比較長，所以萃取出來的物質比較多。

手沖咖啡則屬於過濾式萃取，是將水倒入咖啡粉層中，讓水藉由每一次與咖啡粉接觸，將咖啡裡可溶於水的物質陸續溶解出來。

因此以風味層次來說，手沖比虹吸來得明顯，但若論及厚實度，手沖則比虹吸弱一些。

不過這些風味特色都有相對應的手法可以調整。也是咖啡好玩的地方。

虹吸壺煮出來的咖啡有可能像手沖一樣嗎？

有。不但有，還多了很多豐富的風味層次。

還沒遇見恩師朱明德老師之前，我同樣懷疑過這件事情。但品嘗了朱老師的虹吸咖啡、認真上完課程後，我了解到，咖啡的風味不是由器材決定，而在於你沖煮咖啡時是否有想法、賦予了咖啡靈魂。

而這些基礎，來自於你是否透徹了解咖啡沖煮、能否合理調整風味。一切都需要以科學做基礎，有方法來學習。凡事都由基礎開始學習。基礎打好，自然就可以隨著想法賦予咖啡靈魂！

咖啡包裝上為何有風味說明？

為了讓購買者預先知道這包豆子包含了何種風味，讓飲用者有更好的咖啡體驗。

早年針對商業大宗採購的廠商，產地咖啡豆在採收、後製處理完畢後，會請產地杯測師先品嘗咖啡並把風味記錄下來，讓豆商可以根據杯測師描寫的風味決定是否選購。

今日，品嘗精品咖啡已是全球常態，很多咖啡進口豆商乾脆進一步深入咖啡豆產區直接面對咖啡農，在產地或咖啡莊園直接杯測咖啡風味。

為什麼咖啡包裝上面寫的風味我都喝不出來？

因為每個人的味覺經驗與世界各地區的風味不同。

我也疑惑過「咖啡包裝上面寫的風味」，後來深入了解後發現，造成風味認知落差的原因不外乎以下四個。

第一，咖啡生豆包裝上的風味是產地杯測師寫的，由於購買咖啡生豆時已有風味說明，很多咖啡烘焙師直接照抄，就造成了風味認知上的差距。

杯測師需要經過嚴格的專業訓練，才能一一拆解咖啡風味並正確無誤的寫下來，讓買家明瞭這杯咖啡裡有什麼風味。與此同時，全世界的杯測師都有「統一」的咖啡風味（這裡的風味和我們所認知的風味有點出入，舉例來說，聞香瓶的蘋果香味就和我印象中蘋果有些許差異），因為唯有如此，經過杯測後的風味在世界各地流通時才能有一致的風味認知，不會張冠李戴。這也就是我們在喝咖啡時，常常嘴裡喝到的和咖啡風味資訊有落差的原因之一。

而且，產地生豆的保存時間與烘焙方式和我們喝到的生豆保存時間（多了運送時間）與烘焙方式不一樣，咖啡在產地杯測時的風味和我們喝到的風味不同，實屬正常。

第二，同一種水果在世界各地的風味不同。比如台灣的鳳梨和歐洲、非洲，甚至和亞洲其他國家的風味都不一樣。所謂的「鳳梨」風味，要用哪一種當作標準，以避免張冠李戴呢？相同的風味情況還有草莓、藍莓、黑莓等等。

第三，個人味覺經驗。很多風味非得吃過才有印象。以咖啡風味裡經常見到波羅蜜風味來說，假如你沒有吃過波羅蜜，你怎麼形容這個味道？或者換個方式說，你今天吃到了波羅蜜，你要怎麼形容它的風味或味道？

我們平時要多吃不同的蔬菜、水果，以增加自己的味覺經驗，才能更精確、更適當地把喝到的風味表達出來。

第四，如果咖啡包裝上的風

味是咖啡烘焙師烘完咖啡豆後自行杯測寫下來的，應該會和你喝到的風味感受比較接近，吻合度也比較高。原因很簡單，咖啡烘焙師通常和我們生活在同一個地區，吃到的各式水果風味大致相同，對於風味的認知大同小異，因此寫出蘋果、鳳梨、草莓、檸檬等的風味描述和我們味覺經驗裡的感覺差不多，讓人覺得風味描述中的風味都喝得到。

而從這一件事反觀，也能進一步了解咖啡烘焙師是否有真本事，是真正有想法、有技術的烘焙師，不是一位只會加熱咖啡豆，照抄風味的烘豆人。

為什麼大家在喝咖啡時說出很多風味？我都喝不出來？

因為缺乏長時間的練習。

很多技能都靠練習，當然也包括了風味辨識。

關於風味辨識，一五六頁已分享了我的做法，在此不再累述。我只想跟大家分享，一般人喝咖啡時能說出咖啡風味，這只不過是喝咖啡時的樂趣之一罷了！大家都不是專業的咖啡評鑑師，不需要如此嚴肅地看待這個話題。

咖啡本來就很多元，邊喝咖啡邊感受幸福之餘，何妨分享感受、共同討論呢？如果你在咖啡裡喝到了薄荷的味道，不妨讓大家也來找看看；朋友在咖啡裡找到了水蜜桃的風味，那你是不是也找得到？在這樣的氣氛下，品嘗咖啡將更能發揮一加一大於二的價值。

不要執著於喝到了什麼風味，好好享受喝咖啡的氛圍吧！

後語

咖啡是幸福的

感謝讀到這裡的讀者，希望書中內容可以協助你煮出一杯好喝的虹吸咖啡，讓你重新愛上貝多芬的浪漫。

在此要感謝我的母親，總是全力支持我做我想做的事情。

「當所有人都看你飛得高不高，只有她關心你飛得累不累」，這句話在她身上表露無遺。每次看我打開電腦，她總是問東問西，希望我好好休息不要太累。在她眼中，我永遠是那個作業寫到一半會在書桌上睡著的小孩。

雖然每次都會跟母親拌嘴，但是我真的希望能趕快出版這本書，讓母親在社區唱卡拉OK時可以很自豪的說：「我兒子有出書，是作家呢！」

也感謝內人，照顧家庭，讓我無後顧之憂的接觸、研究咖啡知識，讓這本書有機會問世。

二〇二二年是多事的一年，年底我做了心臟繞道手術（CABG），期間她往返醫院與住家，只為了孩子有飯吃、作業有寫；幫我買水果、剝橘子、切蘋果、練習走路、爬樓梯做復健，三更半夜偷偷靠近床邊怕我晚上踢被。

謝謝她，這本書的完成有一半是她的功勞。

還有兩位恩師，朱明德老師

與鍾孝彥老師。

我在最自滿時遇到了朱明德老師，中華精品咖啡交流協會創會會長。他教會我製作「有靈魂的咖啡」，也讓我有了咖啡師的態度。

《精品咖啡不外帶》、《精品咖啡不浪漫》、《精品咖啡侍豆師》這三本書能看出朱老師的為人，他是真正的咖啡藝術家。

我對朱老師印象最深的兩件事，是我第一場虹吸咖啡分享會，當天是星期六，朱老師沒營業，特別來看我，說「賺錢再多也比不上參加我學生辦的活動」

老師的關心真的很溫暖。

我的右手拇指頭因故截肢後，朱老師看著傷口，流下了眼淚，要我好好保重身體，好好加油。我做心臟繞道手術時，他也一直給我鼓勵，不斷詢問復原情況，讓我再次感受到老師的關心與溫暖。

這本書能出版同樣是因朱老師大力幫忙，四處奔走，真的很謝謝老師！

另一位恩師「三勝國際」鍾孝彥老師（小豆老師）是二樓咖啡學院創辦人，他總是盡心指導我，補足我的咖啡沖煮基本知識，甚至常常出作業讓我回家試試、想想，下次見面再給他答案。

在這樣的訓練下，我開始懂得舉一反三、習慣獨立思考，也不再隨波逐流。

記得有一次小豆老師為了比賽用水，特別前往屏東拜訪廠商，真的好感動！

現在我能在校園、展場、咖友聚會時分享咖啡沖煮知識，都是受到兩位恩師的教誨。

最後要感謝我的兩位主治醫生，分別是振興醫院心臟內科的楊永年醫師與心臟外科的李國楨醫師。

楊醫師追蹤我的心臟超過十年，這次也是因為楊醫師的細心，發現了數值的變化，趕快處理，不然我坐救護車進醫院的機率，會比我將伊索比亞的耶加雪菲煮出柑橘類的風味要大上很多！

李國楨醫師是我見過最勤勞的醫師。除了開會，每天都會到病房和我說兩句話。我對李醫師印象最深的兩件事，一件是開刀當天已經麻醉了才接到通知，和我同病房的人確診 COVID-19，我和確診者還相處了兩天。李醫師考量我的病況，當天還是依照原定計畫開刀手術，這需要多大的勇氣。當天早上八點半進，下午三點半出，常規操作，絲毫沒有受影響，心理素質有夠強大。事後確定當天參加手術的全部人都沒事，真是觀世音菩薩保佑。

另一件是我仍在加護病房觀察時，當天李醫師休假，外面下著小雨，他穿著休閒服帶一把雨傘，像逛公園一樣進來和我閒話家常。看到李醫師真的很驚訝，也很高興有這個福氣能成為他的病人，受到他照顧。

我一直都覺得當醫生真的好強，每次去看門診的人都這麼多，每個人的病徵都記得清清楚楚的，「視病猶親」在兩位身上得到最佳的印證。

我常常跟朋友說我很幸運，這麼大的手術，我是走進醫院做完醫療後，又走出醫院的，感覺很不真實，也真的很幸運碰到兩位醫師。謝謝兩位醫師，以後還要麻煩多多關照。

要感謝的人太多了，實在無法一一細數，全都是我生命的貴人。

各位有緣的朋友們，只要你願意聽，我很願意分享我的咖啡給你！

咖啡是幸福的！

LIFE 067

虹吸咖啡研究室：認識器材、安全操作、調整風味、剖析變因，最淺顯易學的虹吸咖啡沖煮指南

作　者—林子芃
責任編輯—陳詠瑜
行銷企畫—林欣梅
封面設計—F E工作室
內頁設計—張靜怡
圖片提供—HARIO（19頁上、21頁、102頁、103頁、170頁上）、豐潤公司（121頁、122頁）、喵思咖啡（129頁）、蕭鎮輝（131頁上）、盧貝斯全自動烘豆機（131頁下）

總編輯—胡金倫
董事長—趙政岷
出版者—時報文化出版企業股份有限公司
一〇八〇一九臺北市和平西路三段二四〇號三樓
發行專線—（〇二）二三〇六—六八四二
讀者服務專線—〇八〇〇—二三一—七〇五
（〇二）二三〇四—七一〇三
讀者服務傳真—（〇二）二三〇四—六八五八
郵撥—一九三四四七二四時報文化出版公司
信箱—一〇八九九臺北華江橋郵局第九十九信箱
時報悅讀網—http://www.readingtimes.com.tw
電子郵件信箱—newstudy@readingtimes.com.tw
時報文藝粉絲團—https://www.facebook.com/readingtimesLiterature
法律顧問—理律法律事務所　陳長文律師、李念祖律師
印　刷—華展印刷有限公司
初版一刷—二〇二五年六月十三日
定　價—新臺幣四八〇元

時報文化出版公司成立於一九七五年，
一九九九年股票上櫃公開發行，二〇〇八年脫離中時集團非屬旺中，
以「尊重智慧與創意的文化事業」為信念。

虹吸咖啡研究室：認識器材、安全操作、調整風味、剖析變因，最淺顯易學的虹吸咖啡沖煮指南／林子芃著 . -- 初版 . -- 臺北市：時報文化出版企業股份有限公司, 2025.06
192 面；17×23 公分 . --（Life；67）
ISBN 978-626-419-389-4（平裝）

1. CST：咖啡

427.42　　114003660

ISBN 978-626-419-389-4
Printed in Taiwan